DIE SCHNEIDSTÄHLE

IHRE MECHANIK, KONSTRUKTION U. HERSTELLUNG

VON

DIPL.-ING. EUGEN SIMON

ZWEITE, VOLLSTÄNDIG UMGEARBEITETE AUFLAGE
MIT 545 TEXTFIGUREN

SPRINGER-VERLAG BERLIN HEIDELBERG GMBH 1919

Ursprünglich erschienen bei Julius Springer in Berlin 1919

ISBN 978-3-662-42224-3
ISBN 978-3-662-42493-3 (eBook)
DOI 10.1007/978-3-662-42493-3

Vorwort zur zweiten Auflage.

Die vorliegende zweite Auflage ist so sehr verändert und erweitert, daß kaum zwei Zeilen des früheren Textes stehengeblieben und einige Hundert Figuren neu gezeichnet worden sind. Maßgebend hierfür war einmal die Notwendigkeit, die Fortschritte der Werkstattstechnik zu berücksichtigen, dann vor allem der Wunsch, mehr als in der ersten Auflage ein abgeschlossenes Ganzes zu geben, das alles Wichtige über Form, Material und Herstellung der Stähle enthalte; das wohl einfach, klar und knapp sein, dabei aber gründlicher in das Wesen der Sache eindringen solle, als es auf diesem Gebiete gar zu oft üblich ist. Dadurch wurde auch das 1. Kapitel über die Grundsätze der Schneidenbildung unerläßlich. Eine Erörterung der verschiedenen Versuche und der Theorien über die Mechanik des Schneidens (Codron, Fischer, Taylor usw.) ist darin vermieden; nur die Spanbildung ist im Anschluß an Thime kurz erörtert und die Kräftewirkung so weit wie nötig geschildert. Wem trotzdem Teile dieses Kapitels zu schwierig zu lesen sind, der kann sie überschlagen, ohne sein Verständnis des übrigen, mehr praktischen, Teiles wesentlich zu gefährden.

Die Abgrenzung des Stoffes, z. B. gegenüber Sonderwerkzeugen für Revolverbänke, Sonderhaltern, ferner im Kapitel „Herstellung", mußte notgedrungen etwas willkürlich werden.

Literaturangaben sind wenig gemacht. Brauchbare Buchliteratur, die den Gegenstand der vorliegenden Arbeit zum Hauptinhalt hätte, ist nicht vorhanden, abgesehen von dem hervorragenden, vielfach grundlegenden Buch von Taylor-Wallichs. (Das kürzlich erschienene Buch von Willy Hippler „Die Dreherei und ihre Werkzeuge" konnte leider nicht mehr berücksichtigt werden.) Die Zeitschriftenliteratur dagegen ist sehr reichhaltig und auch ausgiebig benutzt, die deutsche sowohl wie die amerikanische. Hier aber jedesmal die Quelle zu nennen, wäre umständlich und dabei ohne Nutzen gewesen.

Die Arbeit ist wohl wieder für Lernende in Werkstatt, Bureau und Schule bestimmt, doch mehr noch als die erste Auflage möchte diese zweite auch von dem Erfahrenen, besonders dem Betriebsmann, benutzt werden.

Dem Verlag habe ich für das bereitwillige Eingehen auf meine Wünsche bei der Herstellung der vielen Strichzeichnungen zu danken und mehreren Firmen für die Überlassung von Zeichnungen.

Charlottenburg, im März 1919. **Eugen Simon.**

Inhaltsverzeichnis.

III. Stähle zum Innendrehen.

IV. Hobelstähle.

V. Stähle zum Stoßen und Ziehen.

VI. Wahl der Stahlsorte.

VII. Herstellung der Schneidstähle.

I. Allgemeine Grundlagen der Schneidenbildung.

Beim Verarbeiten der metallischen Baustoffe (schmiedbares Eisen, Gußeisen, Bronze, Messing usw.) zu Teilen für Maschinen, Apparate, Werkzeuge erhält das Arbeitsstück die endgültige Form meist dadurch, daß mit schneidenden Werkzeugen ein Teil des Metalls als Span abgetrennt wird. Diese schneidenden Werkzeuge, wie Dreh-, Hobel- und Stoßstahl usw., stimmen in ihrer Schneidwirkung und in der Grundform ihrer Schneiden miteinander überein. Daher ist es möglich und auch zweckmäßig, die Grundform und Wirkungsweise der Schneide allgemein zu betrachten, wie es im folgenden zunächst geschehen soll. Dabei mag von vornherein erwähnt werden, daß weder die Werkstattserfahrungen von fast zwei Jahrhunderten, noch die Versuche und Theorien namhafter Forscher, es vermocht haben, den Schneidvorgang völlig aufzuhellen und die Beziehungen zwischen Stahlform, Schnittkraft, Spanquerschnitt, Schnittgeschwindigkeit usw. sicher festzulegen.

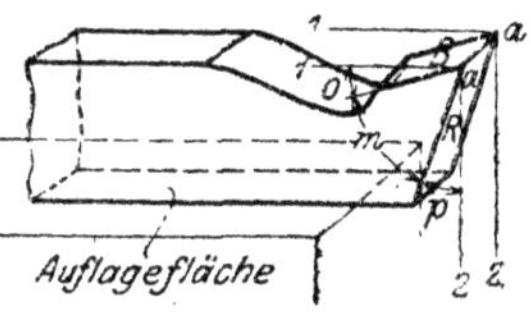

Fig. 1. Grundform der Schneide.

1. Der Schneidvorgang.

Grundform und Bezeichnungen. Die Grundform jeder Schneide ist ein Keil (Fig. 1), für dessen Winkel und Flächen folgende Bezeichnungen gelten sollen. Es heiße:

die Kante a–a: Schneidkante
die Fläche R: Rückenfläche oder Rücken der Schneide
die Fläche B: Brustfläche oder Brust der Schneide
der Winkel m zwischen Brust und Rücken: Keil- oder Meißelwinkel
der Winkel o der Brust gegen Ebene a–1, parallel zur Auflage: Brustwinkel
der Winkel p des Rückens gegen Ebene a–2, senkrecht zur Auflage: Rückenwinkel
der vordere Teil des Stahles mit der Schneide: Stahlnase oder Schneidkopf
der übrige Teil: Schaft.

Während diese Bezeichnungen nur den Schneidstahl an sich betreffen, sind noch besondere Bezeichnungen nötig für die Stellung der Schneide zum Arbeitsstück. Es heiße (Fig. 2):

der Winkel u des Rückens gegen die Schnittfläche: Anstellwinkel

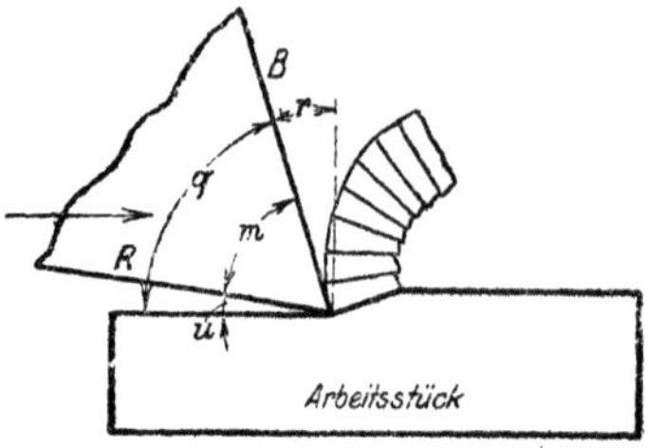

Fig. 2. Schneide und Arbeitsstück.

der Winkel $q = m + u$ der Brust gegen die Schnittfläche: Schneidwinkel

der Winkel $r = 90° - q$ der Brust gegen die Senkrechte zur Schnittfläche: Spanwinkel.

In vielen Fällen (beim Hobeln und Stoßen) ist der Brustwinkel o = dem Spanwinkel r und der Rückenwinkel p = dem Anstellwinkel u. In andern Fällen, vor allem beim Drehen, sind diese Winkel jedoch mehr oder weniger verschieden, wie wir weiter unten sehen werden.

Spanbildung. Wenn ein solcher Schneidenkeil aus härterem Material besteht als das Arbeitsstück, kann er von diesem einen Teil als Span abtrennen, z. B. in Fig. 3 und 4 die über der Linie 1–1 liegende Materialschicht, wenn er in Richtung des Pfeiles vorgeschoben wird. Die Schneidwirkung ist dabei folgende: zuerst werden die

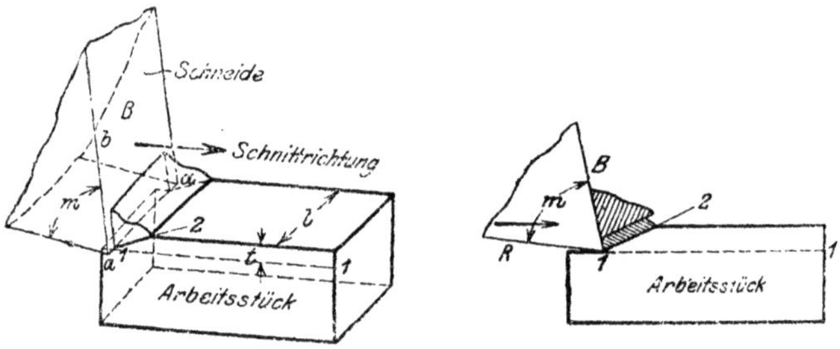

Fig. 3 u. 4. Spanbildung

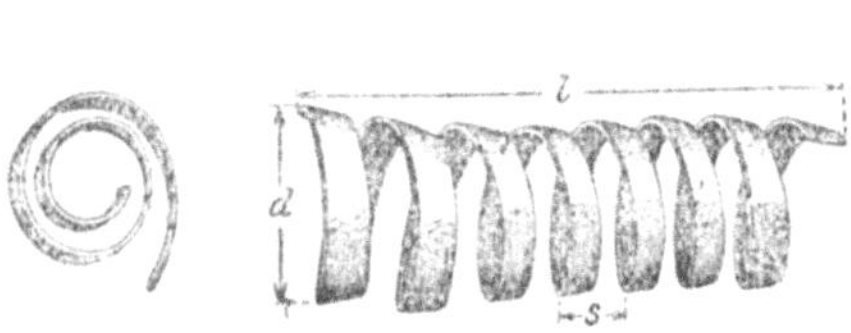

Fig. 5 u. 6. Spanlocken von mittelhartem Maschinenstahl.

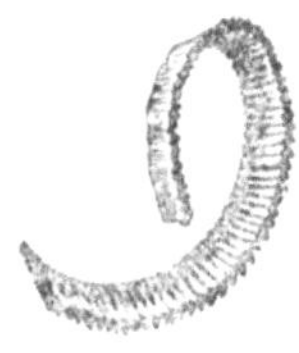
Fig. 7. Spanlocke von hartem und zähem Stahl.

Schneidkante und Schneidbrust das Material etwas aufstauchen, das dabei nach den freien Seiten hin, vor allem nach oben, ausweicht (Fig. 3), jedoch ohne daß es sich schon von dem Arbeitsstück loslöst. Dringt der Keil dann weiter vor, so wird die Spannung im Material so stark, daß schließlich in der Ebene 1–2 ein Losreißen eintritt. So bildet sich das erste Spanteilchen. Ist der Stoff des Arbeitsstückes spröde, wie Gußeisen, Stangenmessing usw., so löst sich dieses Spanteilchen völlig oder doch fast ganz von dem übrigen Material los, spritzt fort, fällt ab oder setzt doch dem weiteren Vordringen der Schneide keinen Widerstand entgegen. Daher kann die Bildung des zweiten Spanteilchens und aller anderen in derselben Weise erfolgen. Anders bei bildsamen und zähen Stoffen, wie schmiedbares Eisen, Aluminium usw. Hier behält das erste Spanteilchen nach dem Losreißen in der Ebene 1–2 noch einen mehr oder weniger festen Zusammenhang mit dem übrigen Material. Und wenn die Schneide weiter vordringt und das zweite Spanteilchen bildet, so muß das erste unter Aufwand von Arbeit nach oben geschoben werden (Fig. 4). Ebenso geht es beim dritten und den folgenden Spanteilchen. Diese einzelnen Spanteilchen bilden dann den Span, der sich mehr oder weniger lockenartig oder schraubenförmig aufwickelt (Fig. 5 ÷ 7). Die Stärke t_1 des Spans ist immer größer als die Schnittiefe t (Fig. 8 u. 9), da der Span nach der Ebene 1–2, die unter dem $\sphericalangle z$ zur Schnittrichtung liegt, abgeschoben wird. Versuche und Rechnung haben ergeben, daß Winkel z um so kleiner ist, je größer der Schnittwinkel q ist, daher nimmt die Stärke des Spanes mit dem Schnittwinkel zu bei der gleichen Schnittiefe. Die gestreckte Locke ist demgemäß immer kürzer als die der Schnittfläche, d. h. als der von der Schneide zurückgelegte Weg. Daß der Span aus einzelnen Teilchen

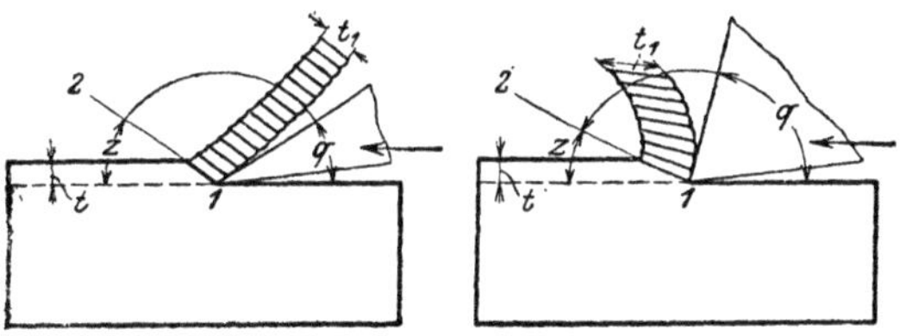

Fig. 8 u. 9. Einfluß des Schnittwinkels auf den Span.

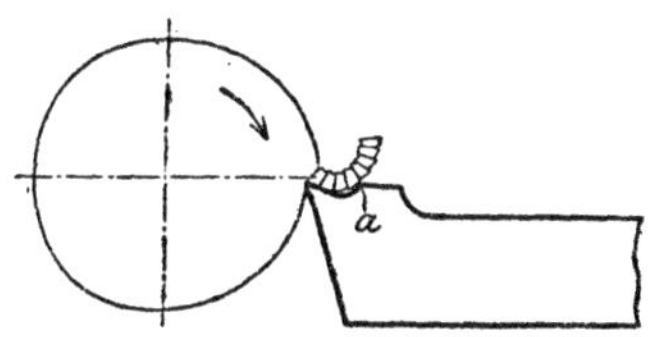

Fig. 10. Eingeschliffene Brustfläche.

zusammengeschoben ist, sieht man meist sehr deutlich an der Innenseite, wie in Fig. 7, dem Span eines harten und zähen Stahles, während die Außenfläche infolge der starken Reibung an der Schneidbrust vollständig zusammenhängt und glatt und glänzend ist.

Der Durchmesser d der Spanlocke (Fig. 6) hängt außer vom Material des Arbeitsstücks vom Brustwinkel der Schneide ab: der Durchmesser wächst mit dem Brustwinkel, da der Span um so weniger scharf umgebogen, um so mehr abgeschält wird, je größer der Brust- bzw. Spanwinkel wird (Fig. 8 u. 9); er wird aber auch sehr wesentlich von Erhöhungen, Ansätzen o. dgl. bestimmt, die in seiner Fließrichtung liegen (Stahlschaft, Stichelhaus usw.) und die im allgemeinen eine Entwicklung zu großen Spiralen hindern. Darum schleift sich der Dreher für die Bearbeitung von schmiedbarem Eisen usw. eine grade lange Brustfläche (Fig. 8) gern nach Fig. 10 ein, damit die Schulter bei a den Span kurz umbiegt. Die Größe von d läßt sich von vornherein mit einiger Sicherheit nicht angeben, da sie außer von den erwähnten noch von einer Reihe anderer Umstände abhängt. Das gleiche gilt für die Steigung s und die Länge l der Spanlocke (Fig. 6). Da zudem diese Umstände sich während des Schneidens oft erheblich ändern (besonders durch Stumpfwerden der Schneide), so ändern sich demgemäß auch d, s und l während desselben Schnittes.

Nur selten bildet der Span eine richtige ebene Spirale wie eine Uhrfeder (Fig. 5). Man sollte glauben, daß diese Form wenigstens stets beim Drehen senkrecht zur Achse (einstechen, abstechen) entstehen würde, tatsächlich aber sind fast immer Ungleichheiten vorhanden, die ein Abfließen nach einer Seite und damit das Entstehen einer Schraubenform begünstigen.

Ein in nicht zu großen und langen Locken ruhig abfließender Span ist von erheblicher Bedeutung und ein Zeichen für eine zweckmäßig konstruierte Schneide.

Fig. 11 u. 12. Graugußspäne.

Nach der oben beschriebenen Entstehung des Spanes ist es ohne weiteres klar, daß der Span spröder ist als ein gleich breiter und dicker Streifen aus demselben, doch gesunden Material. Während der Span aus schmiedbarem Eisen aber immer noch eine erhebliche Festigkeit und Zähigkeit hat, ist der Span aus Grauguß (Fig. 11 u. 12), auch wenn er ein kurzes Band oder eine kleine Locke bildet, so spröde, daß er zerfällt, wenn man ihn anfaßt.

Die beschriebene Entstehungsweise des Spans ist auch der Grund dafür, daß das Schneiden kein ganz gleichmäßiger Vorgang ist, sondern etwas ruckweise und mit schwankendem Kraftverbrauch vor sich geht.

Spanquerschnitte. Selten ist die zu zerspanende Materialschicht so klein, daß sie in einem Schnitt abgenommen werden kann; meist muß sie in mehrere Schichten zerlegt werden, der Höhe nach (Fig. 13), der Breite nach (Fig. 14) oder gewöhnlich nach Höhe und Breite (Fig. 15).

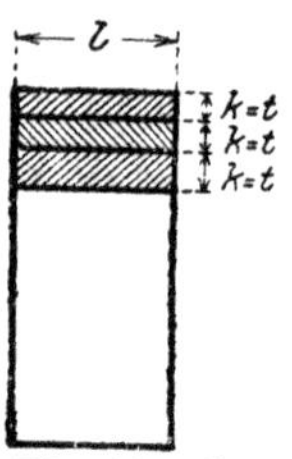

Fig. 13. Zerlegung der Materialschicht.

Der Querschnitt, mit dem das Material vom Arbeitsstück losgelöst wird (er ergibt sich aus Form und Vorschub der Schneide), soll Spanquerschnitt heißen, ohne zu vergessen, daß der Querschnitt im Span selbst nicht unwesentlich anders ist, da er infolge des Abschiebens der Spanteilchen breiter und besonders dicker und vielfach unregelmäßig wird. Das Maß der Veränderung hängt von den Eigenschaften des Materials und den Schnittwinkeln der Schneide ab und schließlich auch von den Abflußmöglichkeiten des Spans.

Spanquerschnitt q (Fig. 14 ÷ 16) besteht aus der Spanbreite l und der Spanstärke k, so daß $q = l \times k$ ist. Versteht man ferner unter Schnitt-

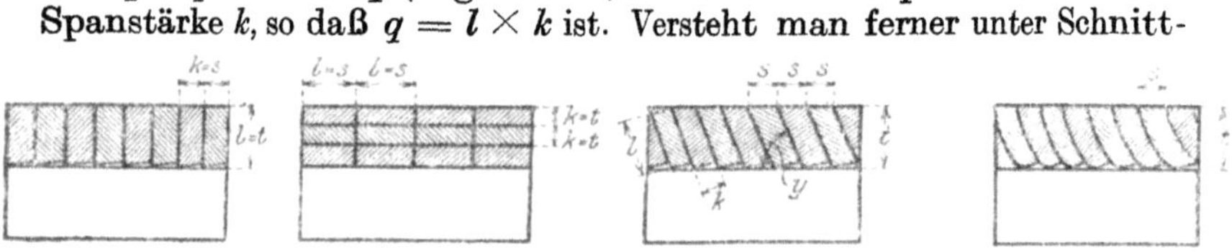

Fig. 14 ÷ 17. Zerlegung der Materialschicht.

tiefe t (Fig. 15) das Maß, um das der Stahl für jeden Schnitt senkrecht zur Arbeitsfläche zugestellt wird (beim Drehen gleich der halben Durchmesserverringerung), unter Vorschub s das Maß, das er seitlich gestellt wird, so entsteht der Spanquerschnitt aus Vorschub und Schnittiefe, und es ist daher stets auch $q = s \times t$. Das heißt in Worten: der Spanquerschnitt, der gleich dem Produkt aus Spanbreite und Spanstärke ist, ist auch gleich dem Produkt aus Schnittiefe und Vorschub. Der Spanquerschnitt behält also seine Größe bei, solange diese Produkte ihre Größe behalten, einerlei wie sich die einzelnen Faktoren ändern. Bleiben z. B. Schnitttiefe und Vorschub die gleichen, so mögen sich Spanbreite und Spanstärke ändern, der Spanquerschnitt bleibt unverändert.

Wenn bei der Zerlegung der zu entfernenden Schicht die Spanbreite parallel zur Arbeitsfläche liegt (Fig. 13 u. 15), dann ist Spanbreite l=Vorschub s und Spanstärke k = Schnittiefe t; umgekehrt ist, wenn die Spanbreite senkrecht zur Arbeitsfläche liegt (Fig. 14), Spanbreite = Schnittiefe und Spanstärke = Vorschub. Liegt dagegen, wie in Fig. 16, die Spanrichtung schräg zur Arbeitsfläche, um den $\sphericalangle y$, so gilt zwar nach wie vor die Gleichung $q = s \times t = k \times l$, aber der Zusammenhang zwischen s, t, k, l ist weniger einfach. Jetzt sind k und l außer von s und t auch von y abhängig, und zwar ist die Spanbreite um so größer, die Spanstärke um so kleiner, je kleiner bei gleichbleibendem Vorschub und

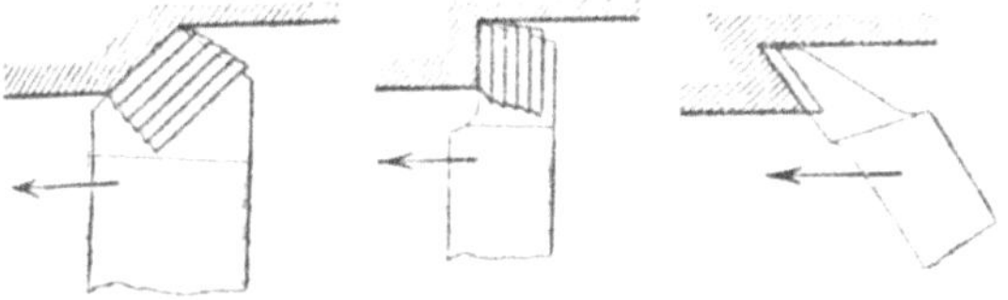

Fig. 18 ÷ 20. Einfluß der Lage der Schneide auf den Spanabfluß.

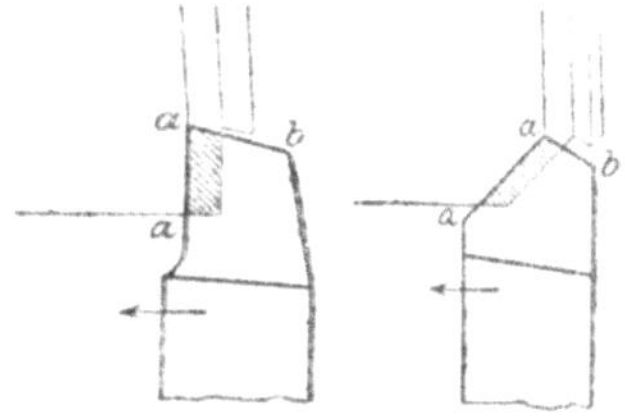

Fig. 21 u. 22. Vordere und hintere Kante der Schneide.

gleichbleibender Schnittiefe der Winkel y wird. Algebraisch ist der Zusammenhang gegeben durch die Gleichung:

$$l = \frac{t}{\sin y} \quad \text{und} \quad k = s \cdot \sin y. \tag{1}$$

Mit dem Schräglegen um den Winkel y ist die Möglichkeit gegeben, (von der oben die Rede war), bei gleichbleibendem Vorschub und gleichbleibender Schnittiefe, also bei gleichbleibendem Spanquerschnitt, Spanbreite und Spanstärke beliebig zu ändern. Es wird dadurch möglich, eine verhältnismäßig große Spanbreite auch bei geringer Schnittiefe und eine verhältnismäßig kleine Spanstärke auch bei großem Vorschub zu erhalten, was meistens für das Schneiden günstig ist, da ein breiter, dafür weniger starker Span sich leichter aufbiegen läßt und die Wärmeableitung begünstigt (s. S. 17). Ein weiterer Vorzug der schrägen Lage gegenüber der geraden ist der leichtere Spanabfluß. Wie oben erwähnt, hat der Span das Bestreben, breiter zu werden, als er an der Schnittstelle ist, infolge des Aufstauchens. Dieses Bestreben wird bei der schrägen Lage nicht gehindert (s. Fig. 18), während bei der senkrechten Lage (s. Fig. 19) die Ausbreitung nach der Arbeitsfläche hin gehindert ist, der Span etwas abgelenkt und die Reibung erhöht wird. Daß eine schräge Lage, wie in Fig. 20, noch ungünstiger ist und den Spanabfluß erheblich erschwert, ist ohne weiteres zu erkennen.

Wenn daher die schräge Lage nach Fig. 16 u. 18 die verhältnismäßig stärksten Spanquerschnitte zuläßt und deshalb beim Schruppen die übliche ist, so ist das durch die erwähnten Tatsachen begründet; hinzu kommt aber wahrscheinlich noch etwas anderes: Schwingungen, die beim Schneidprozeß unvermeidlich sind, verlaufen günstiger bei der schrägen Lage als bei der geraden.

Sehr ungünstig ist die Spanzerlegung nach Fig. 13.

Ebensogut wie durch senkrechte oder schrägliegende Grade kann man die zu zerspanende Schicht durch gekrümmte Linien zerteilen (Fig. 17), so daß sich kommaartige Spanquerschnitte bilden. Auf deren Vor- und Nachteile wird noch weiter unten eingegangen.

Spanquerschnitt und Schneidenform. Die Form des Spanquerschnitts wird bestimmt durch die Form der Schneidkante und die Größe des Vorschubes, d. h. durch 2 aufeinanderfolgende Lagen der Schneidkante (Fig. 21 u. 22). Der Span muß überall, wo er mit dem stehenbleibenden Material zusammenhängt, von der Schneide losgelöst werden. Während für den Querschnitt Fig. 13 die einfache gerade Kante Fig. 3 ausreicht, wenn sie nur lang genug ist, muß für die Querschnitte Fig. 14 ÷ 16 auch ein Stückchen der hinteren oder Neben-Kante a—b (Fig. 21 u. 22) mit schneiden, um den Span der Stärke nach abzutrennen. Dieses Kantenstück kann nur richtig schneiden, wenn es Schneidwinkel hat. Während es leicht möglich ist, ihm einen genügenden Anstell- (Rücken-) Winkel zu schaffen, da der unabhängig von dem Anstellwinkel der vorderen oder Hauptkante ist, ist es von der Größe und Richtung der Neigung der Brustfläche abhängig, ob an der hinteren Kante auch ein Span- (Brust-) Winkel entsteht. Bei einer Neigung der Brustfläche wie in Fig. 2 u. 23 ist der seitliche Brustwinkel = 0; größer als 0 kann er durch eine andere Neigungsrichtung der Brustfläche werden (s. Seite 8). Für die meisten Spanquerschnitte ist das Schneiden der hinteren Kante nicht so sehr wichtig, um so weniger, je dünner der Span ist. Dazu kommt, daß es in vielen Fällen dadurch überhaupt ausgeschaltet wird, daß man die Ecke bei a rundet. Dieses Runden, das mehrere Vorzüge hat, von denen weiter unten noch zu sprechen ist, ergibt einen Spanquerschnitt nach Fig. 24.

Für die gebogenen Querschnitte sind entsprechend geformte Schneiden nötig (s. Fig. 27).

Spanquerschnitt und Arbeitsfläche. Am Arbeitsstück müssen zwei Flächen unterschieden werden: einmal die Fläche, die bei jedem Schnitt unter dem Schneidenrücken entsteht, geformt nach der Form der Schneidkante: die *Schnittfläche*, und dann die Fläche, die sich aus der Aufeinanderfolge der Schnittflächen ergibt als Ergebnis der Zerspanungsarbeit: die *Arbeitsfläche*. In Fig. 25 (Längsdrehen) ist S die Schnittfläche, A die Arbeitsfläche.

Fig. 21, 22, 24 u. 25 zeigen (übertrieben), daß zwischen je zwei Schnitten ein Grat stehenbleibt, der eine mehr oder minder große Rauhigkeit der Arbeitsfläche zur Folge hat. Dieser Grat hängt von der Form der Schnittfläche, also der Schneidkante, und der Größe des Vorschubes ab; er ist um so größer, je spitzer die Ecke der Schneidkante und je größer der Vorschub ist; er verschwindet ganz, wenn die Schneidkante ein Stück parallel zur Arbeitsfläche verläuft und der Vorschub kleiner als dies parallele Stück ist.

2. Einfache und schiefe Schneide.

Vorkommen. Gewöhnlich werden Schneiden benutzt, deren Kante nicht parallel zur Auflagefläche liegt, wie bei der einfachen Schneide Fig. 1 u. 23, sondern windschief zur Auflagefläche wie in Fig. 21. Solche windschiefe Schneiden bilden in der Werkstatt weitaus die Mehrzahl. Ist die Schneidkante gekrümmt, ergibt sich die windschiefe Lage zur Auflagefläche von selbst aus der Neigung der Brustfläche (Fig. 27); nur wenn die Neigung = 0 ist (wie bei vielen Formstählen), liegt die gekrümmte Kante parallel zur Auflagefläche. Bei den Schneiden mit gerader Kante kann man die Neigungsrichtung der Brustfläche so wählen, daß die Kante parallel oder schief zur Auflagefläche zu liegen kommt. Die parallele Lage der Kante (Fig. 23) erhält man dann, wenn

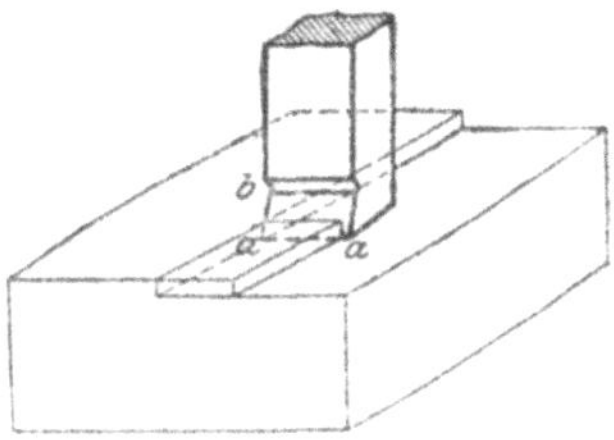

Fig. 23. Arbeit der Nebenkante.

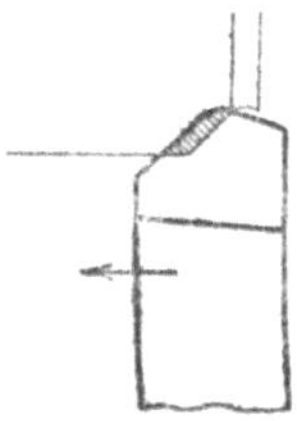

Fig. 24. Schneide mit runder Spitze.

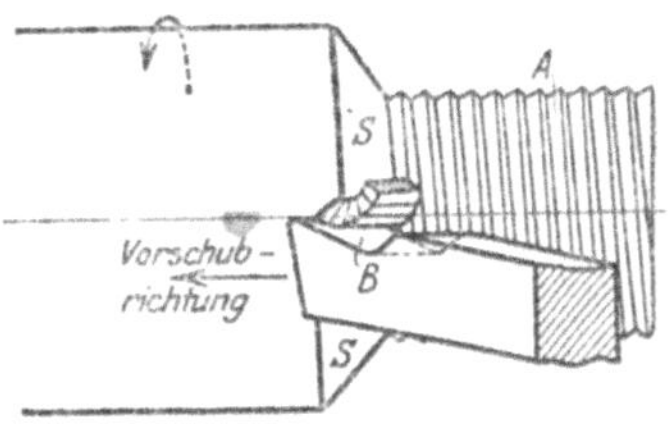

Fig. 25. Schnitt- und Arbeitsfläche.

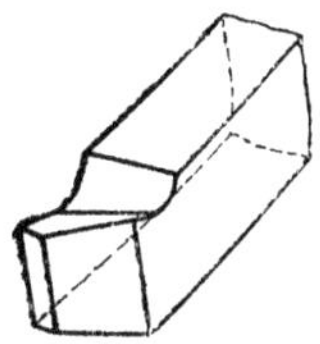

Fig. 26. Stahl mit windschiefer Schneide.

die Neigungsrichtung der Brustfläche senkrecht zur Kante steht, oder anders ausgedrückt, wenn die Kante die Achse ist, um die die Brustfläche aus der wagerechten Lage nach unten (bzw. hinten) geneigt ist. Parallele Kanten gibt man meist nur Abstech- und Seitenstählen (s. Fig. 54 u. 113) oder Stählen, wie Fig. 25. Die meisten Schruppstähle, besonders wenn ihre Kante auch im Winkel zur Drehachse liegt (Fig. 24 u. 26), erhalten schiefe Kanten.

Bezeichnungen. Für die schiefen Schneiden reichen die früher (S. 1) festgelegten Bezeichnungen nicht mehr aus; sie müssen sinngemäß erweitert werden.

Zunächst ist festzulegen, in welcher Ebene Brust- und Rückenwinkel liegen sollen, da das jetzt nicht mehr, wie bei der einfachen Schneide, ohne weiteres klar ist.

Als Ebene der Brustwinkel gelte bei den schiefen Kanten die Ebene, die senkrecht zur Projektion der Schneidkante und senkrecht zur Auflage-

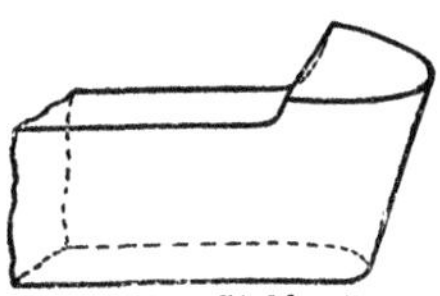

Fig. 27. Stahl mit gekrümmter Schneide.

fläche steht, also für die Schneidkante a–a in Fig. 28÷30 die Ebene 1–1 oder die Ebene 2–2 parallel 1–1. Bei der geraden Schneidkante sind die Winkel in Ebene 1–1 und 2–2 oder irgendeiner anderen parallelen Ebene einander gleich. Bei der gebogenen Schneide (Fig. 31÷34) stehen die Ebenen 1–1 und 2–2 immer senkrecht zur Tangente im betreffenden Punkt der Schneide. Die Winkel sind daher in jeder Ebene anders (siehe o_1, o_3, o_4). Unter Brustwinkel der Schneide kurzweg soll in diesem Fall der Winkel o_1 im Punkt des stärksten Spanquerschnitts gemeint sein.

Wird die Ebene der Winkel so wie hier bestimmt, so wird jede Unsicherheit in der Bezeichnung beseitigt, wie immer auch die Lage der Schneidkante sein mag. Außer diesem eigentlichen Brustwinkel o_1 der Schneidkante sind weiter von Bedeutung die Brustwinkel in zwei ausgezeichneten Ebenen, nämlich der Ebene 3–3 (Fig. 28÷34), die durch den vordersten Punkt der Schneide geht, parallel zum Stahlschaft, und der Ebene 4–4, die senkrecht zu 3–3 steht, also auch senkrecht zum Stahlschaft. Der Brustwinkel o_3 in der Ebene 3–3 heiße der vordere Brustwinkel, der Brustwinkel o_4 in der Ebene 4–4 der seitliche Brustwinkel.

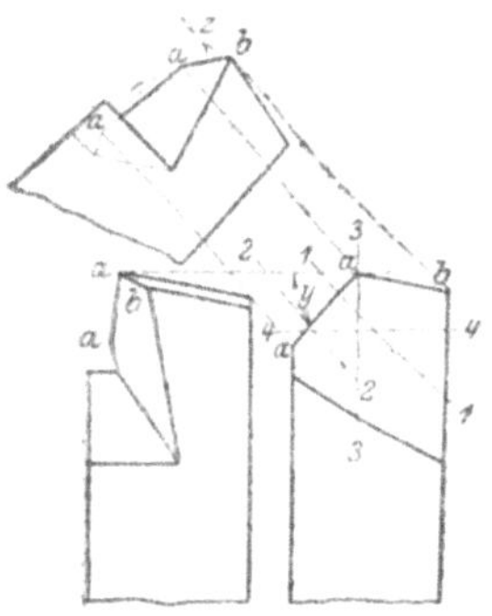

Fig. 28÷30. Stahl mit windschiefer, gerader Schneide.

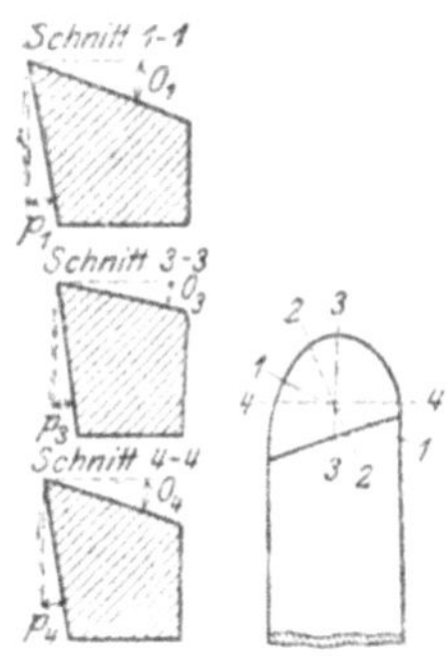

Fig. 31÷34. Stahl mit windschiefer, gekrümmter Schneide.

Es heiße ferner der Winkel y (Fig. 29) der geraden Schneidkante mit der Arbeitsfläche (in der Projektion auf die Ebene der Auflagefläche): Kantenneigungswinkel und der Winkel z (Fig. 30) der Kante mit der Auflagefläche: Höhenwinkel.

Der vordere und seitliche Brustwinkel haben ihre Bedeutung dadurch, daß sie für Schleifmaschinen mit zwangläufiger Führung (siehe Seite 99) als Einstellwinkel für das Schleifen der Brustfläche dienen und daß sie für die Größe der Schnittkräfte in Schaft- und Vorschubrichtung wesentlich sind. Vorderer und seitlicher Brustwinkel stehen mit dem eigentlichen Brustwinkel der Schneidkante (in Ebene 1–1) und dem Neigungswinkel in engster geometrischer Beziehung, so daß die einen durch die anderen bestimmt sind. Die Gleichung, die die Winkel miteinander verbindet, lautet:

$$\operatorname{tg} o_1 = \operatorname{tg} o_3 \cdot \cos y + \operatorname{tg} o_4 \cdot \sin y \qquad (2)$$

(Näheres siehe des Verfassers Aufsatz in der Werkstattstechnik 1917, Heft 18.)

Vorzüge der windschiefen Schneide. Die windschiefe Schneide hat drei Vorzüge vor der einfachen, parallelen: 1. sie gibt dem Span eine starke Neigung, seitlich abzufließen und sich zu einer Schraubenlinie aufzuwickeln statt zu einer ebenen Spirale, die durch ihre Größe leicht stört

2. sie greift an der Schnittfläche nicht mit einem Mal an, sondern nach und nach, zuerst mit dem am meisten vorstehenden Teil. Das ist wichtig bei hin und her gehender Schnittbewegung (Hobelmaschine) und großer Schnittiefe

3. sie macht es durch den vorhin erwähnten Zusammenhang der Winkel möglich, dem vorderen Brustwinkel o_3 eine angemessene Große zu geben, ohne den eigentlichen Brustwinkel o_1 zu ändern. Bei der parallelen Kante ist das nicht möglich, da bei ihr die Größe von o_3 durch o_1 und y unabänderlich bestimmt ist. Bei der schiefen Kante dagegen ändert sich mit o_3 nur der Höhenwinkel z, während o_1 unverändert bleiben kann. o_3 wird einige Grad groß gewählt, so daß der Stahl an der Spitze günstig schneidet, weder der Schnittdruck in der Schaftrichtung zu groß wird, noch die Schneide einhakt.

Gerade oder gebogene Schneide. Jede dieser beiden Hauptschneidenformen hat ihre Vorzüge und Nachteile. Für die gerade Schneide spricht:

1. daß sie leichter schneidet und der Span sich leichter lockt
2. daß sie besonders auf Schleifmaschinen mit mechanischer Führung leichter zu schleifen ist.

Gegen die gerade Schneide spricht:

1. daß sie sehr rauhe Arbeitsflächen gibt, da der stehenbleibende Grat verhältnismäßig groß wird
2. daß die Spitze leicht stumpf wird
3. daß das Arbeitsstück leichter ins Zittern kommt und die Arbeitsfläche dadurch unsauber wird.

Die ersten beiden Nachteile können dadurch beseitigt werden, daß man die Spitze etwas rundet.

Für die gebogene Schneide spricht:

1. daß sie bei schweren Schnitten ruhiger arbeitet mit weniger Neigung zum Zittern, da die Spanstärke an jeder Stelle verschieden ist
2. daß sie sauberere Flächen gibt, um so mehr, je flacher die Krümmung ist
3. daß die Arbeitsfläche länger ihre gleiche Höhe (beim Drehen gleichen Durchmesser) beibehält, da der vorderste Teil der Schneide, der die Arbeitsfläche endgültig herstellt, den dünnsten Spanquerschnitt zu nehmen hat, daher am meisten geschont wird.

3. Die Kräfte an der Schneide.

Arbeit und Kräfte. Die Arbeit, die zum Zerspanen aufzuwenden ist, läßt sich nach dem Seite 2 beschriebenen Vorgang einteilen in die Arbeit zum Stauchen und Losreißen der Spanteilchen und in die Arbeit zum Verschieben der Spanteilchen gegeneinander und zum Biegen der Spanlocke. Die Arbeit zum Stauchen und Losreißen ist um so größer, je fester und härter der Stoff des Arbeitsstückes ist, die Arbeit zum

Verschieben und Aufbiegen ist dagegen um so größer, je zäher der Stoff ist. Daher kommt es, daß nicht nur Härte und Festigkeit, sondern auch Zähigkeit und Geschmeidigkeit eines Stoffes seine Bearbeitung mit schneidenden Werkzeugen erschweren.

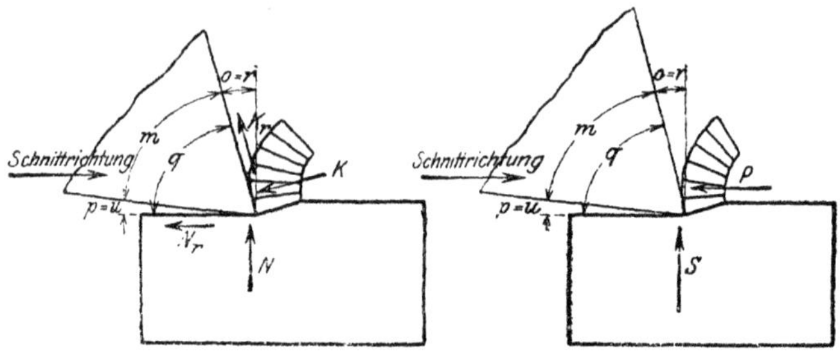

Fig. 35 u. 36. Die Kräfte an der Schneide.

Betrachtet man alle Kräfte, die sich dem Vordringen der Schneide entgegensetzen und aus denen sich die Zerspanungsarbeit bildet, so findet man im wesentlichen die folgenden vier (Fig. 35):

1. die Kraft K, die senkrecht zur Schneidenbrust zum Stauchen, Losreißen und Aufbiegen des Spans dient
2. die Kraft N, die senkrecht zur Arbeitsfläche steht und vom Druck der Schneide gegen diese Fläche herrührt
3. die in Richtung der Brustfläche liegende Kraft K_r, die von der Reibung des über die Brustfläche fließenden Spanes herrührt
4. die in der Schnittrichtung, senkrecht zur Kraft N, liegende Kraft N_r, die von der Reibung des Stahlrückens gegen die Schnittfläche herrührt.

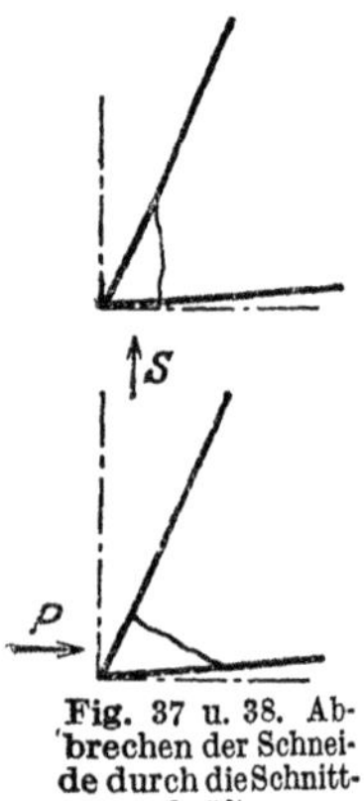

Fig. 37 u. 38. Abbrechen der Schneide durch die Schnittkräfte.

Zerlegt man K und K_r je in eine senkrechte und wagerechte Teilkraft, so lassen sich alle wagerechten Kräfte zu der Hauptkraft P, alle senkrechten zu der Hauptkraft S zusammensetzen (Fig. 36). P besteht dann aus der wagerechten Teilkraft von K und K_r vermehrt um N_r, S besteht aus N, vermindert um die senkrechte Teilkraft von K, vermehrt um die senkrechte Teilkraft von K_r. P heißt die Schnittkraft und muß in erster Linie beim Vordringen der Schneide überwunden werden, S ist die Kraft, die durch Einspannen des Stahles aufgenommen bzw. vom stetigen Vorschub überwunden werden muß.

Abhängigkeit der Kräfte von den Winkeln bei der einfachen Schneide. Von den Winkeln hat der Brustwinkel o bzw. der Schneidwinkel q (Fig. 35 u. 36) den stärksten Einfluß auf die Kräfte. Wenn o kleiner wird, also die Brustfläche sich der senkrechten Lage nähert, wächst die Kraft P, da damit, wie schon das Gefühl sagt, die zum Abschieben und Aufbiegen des Spanes nötige Kraft K wächst. Man wird also, um keine zu große Schnittkraft zu bekommen und für das Zerspanen nicht zu viel Arbeit aufwenden zu müssen, o möglichst groß nehmen. Jedoch darf andererseits o nicht so groß werden, daß die Widerstandskraft des Schneidenkeiles zu gering wird und er unter dem Druck von P oder S zerbricht (Fig. 37 u. 38) oder die Spitze zu schnell abgerieben wird.

Die Kraft S wird ebenfalls kleiner, wenn o wächst. Wenn o sehr groß wird, kann es vorkommen, daß S gleich Null (oder gar negativ) wird, so daß der Spandruck die Schneide ins Material drückt; dann ist zwar das Vorschubgetriebe fast ganz entlastet, aber die Schneide hakt leicht ein. Damit wachsen dann plötzlich der Spanquerschnitt und alle Kräfte, und Schneide, Arbeitsstück oder Maschine werden beschädigt. Das muß vermieden werden und auch aus dem Grunde darf o nicht zu groß werden.

Der Rücken- bzw. Anstellwinkel u beeinflußt zunächst die Kraft N_r (Fig. 35 u. 36). Wäre $u = 0$, so würde die ganze Rückenfläche über die rauhe Schnittfläche hinwegreiben und dadurch N_r sehr groß werden; andererseits darf aber u nicht zu groß werden, weil sonst die Rückenfläche keine Stütze findet und bei festliegendem Schneidwinkel q der Keilwinkel m zu klein und daher zu wenig widerstandsfähig wird. Die Kräfte K_r und N_r werden noch dadurch möglichst vermindert, daß man Brust- und Rückenfläche der Schneide so hart und glatt macht wie irgend möglich.

Einen bedeutenden Einfluß auf die Größe der Kräfte hat die Schärfe der Schneidkante, die natürlich im Verlauf des Schneidens sich immer mehr vermindert. Mit zunehmender Abstumpfung der Schneide wächst P zunächst wenig oder gar nicht, da die Schneide durch Ausweichen den Span ein wenig verkleinert, hingegen wächst S mit dem Stumpfwerden ziemlich rasch und erheblich.

Für die meist üblichen Brust- und Rückenwinkel kann man bei nicht zu stumpfer Schneide annehmen, daß S ungefähr gleich P ist.

Abhängigkeit der Kräfte von den Winkeln bei der schiefen Schneide. Die einfache Schneide kommt, wie bereits erwähnt, seltener vor als die schiefe Schneide. Bei dieser ergeben sich die beiden Kräfte P und S in gleicher Weise, also P in der Schnittrichtung, in Fig. 39 (beim Drehen) senkrecht nach unten, und S senkrecht zur Schnittfläche. Da bei diesen Schneiden die Schnittfläche selbst nicht senkrecht zum Schaft liegt, wie bei der einfachen Schneide, zerlegt man zweckmäßig S in zwei Teilkräfte, und zwar P_v in Richtung des Vorschubes, parallel zur Arbeitsfläche, und P_s senkrecht zur Arbeitsfläche, parallel zum Stahlschaft. Die drei Kräfte P, P_s, P_v, die senkrecht aufeinander stehen, sind maßgebend für Werkzeug und Maschine.

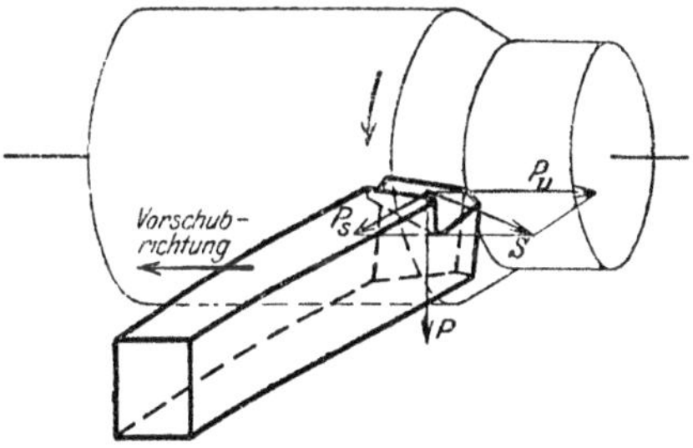

Fig. 39. Kräfte an der schiefen Schneide.

Was vorher über P gesagt wurde, gilt auch hier; und über die Abhängigkeit von P_s und P_v von der Schneidenform gilt, was vorher von S gesagt wurde: P_v ist um so größer, je kleiner der seitliche Brustwinkel und je stumpfer die Schneide ist, P_s um so größer, je kleiner der vordere Brustwinkel und je stumpfer die Spitze ist. Das Verhältnis von P_v zu P_s wird sehr wesentlich durch die Größe des Neigungswinkels y (Fig. 29) bestimmt. P_v wächst mit y und erreicht seinen größten Wert bei $y = 90°$, d. h. wenn die Schneidkante senkrecht zur Arbeitsfläche steht; zugleich nimmt P_s ab und erreicht bei $y = 90°$ seinen kleinsten Wert, der aber immer erheblich über 0 bleibt. Das Verhältnis von P_s und P_v zu P schwankt bei den verschiedenen Stahlformen ziemlich stark; es ist etwa:

$$P_s = {}^1/_2\, P \text{ bis } {}^1/_5\, P,$$
$$P_v = {}^1/_4\, P \text{ bis } {}^1/_8\, P.$$

4. Schnittkraft und Spanquerschnitt.

Von maßgebendem Einfluß auf die Größe der Schnittkräfte ist die Größe des Spanquerschnittes q. Es ist von vornherein klar, daß Schnittkraft P mit q wächst. Man nimmt nun meistens an, daß P im selben Verhältnis wie q wächst, so daß man schreiben kann $P = k \times q$, worin k die Schnittkraft für die Querschnittseinheit bedeutet, die für jedes Material gleich bleibt, die sogenannte Materialkonstante. Tatsächlich trifft diese Annahme jedoch nicht ganz zu; k ist nicht vollständig unabhängig von der Größe des Querschnittes, sondern ist bei kleineren Querschnitten etwas größer als bei größeren, so daß also auch P für kleinere Querschnitte verhältnismäßig etwas größer ist als für größere. Daher braucht man zum Zerspanen derselben Materialmengen mehr Arbeit (= Kraft × Weg), wenn man viele kleine, als wenn man wenige große Späne nimmt. Weiter ist auf k bei sonst gleichen Bedingungen von Einfluß das Verhältnis vom Umfang zum Inhalt des Spanquerschnittes, d. h. k wird größer, wenn der Umfang zum Inhalt zunimmt. Schließlich hat auch noch die Form des Spanquerschnittes, soweit sie durch die Form der Schneidkante bestimmt wird, einen Einfluß auf k, der garnicht gering ist. Dieser Einfluß der Form bei gleicher Größe des Querschnitts zeigt sich weniger noch bei P als bei P_v und P_s. Diese beiden Kräfte wachsen unter Umständen bis auf das Doppelte, wenn man bei gleichem Vorschub und gleicher Schnittiefe statt einer geraden eine stark gekrümmte Schneidkante nimmt.

Taylor und Codron haben aus ihren Versuchen Formeln hergeleitet für die Abhängigkeit der Größe von k von der Spanstärke und Spanbreite. Aber einmal gelten diese Werte nur für die bei den Versuchen benutzten Stahlformen und Materialien und dann ändern sie sich durch das Stumpfwerden der Schneiden, so daß wir hier von ihnen absehen können. Für die meisten Zwecke, besonders zum Berechnen neuer Maschinen, ist es wichtig und auch ausreichend, Mittelwerte von k zu haben, die für die üblichen Verhältnisse brauchbar sind (siehe Zahlentafel 1).

5. Einfluß des Materials.

Material und Schnittkraft. Es ist schon früher gesagt worden, daß nicht nur Härte und Festigkeit, sondern auch Zähigkeit und Geschmeidigkeit des Arbeitsstücks einen Einfluß auf das Schneiden ausüben. Die Schnittkraft wächst allerdings in allen Fällen ganz besonders mit der Festigkeit des Stoffes. Daher läßt sich z. B. schmiedbares Eisen um so leichter schneiden, je weicher und weniger fest es ist, d. h. je weniger Kohlenstoff es in seiner chemischen Zusammensetzung hat. Den geringsten

Zahlentafel 1.

Werte der Schnittkraft k (k_1 und k_2) für 1 qmm Spanquerschnitt.

Material	Maschinenguß (Grauguß) gewöhnlicher (K_Z=17÷19)	Maschinenguß (Grauguß) hochwertiger (K_Z=24÷26)	Schmiedbares Eisen: Schmiedeeisen und weicher Maschinenstahl (K_Z = 36÷50)	Schmiedbares Eisen: Mittlerer und harter Maschinenstahl (K_Z = 60÷80)	Messing, Rotguß, Zinnbronze (K_Z = 17÷25)
k_1 . . . kg	70÷100	100÷140	100÷150	150÷250	50÷100
k_2 . . . kg	4,5÷5,5 K_Z		2,5÷3,2 K_Z		—

Kohlenstoffgehalt (ungefähr 0,05 bis 0,15%) hat das sogenannte weiche Eisen (Schraubeneisen), das sich daher mit dem geringsten Kraft- und Arbeitsaufwand schneiden läßt. Ihm folgt der weiche und mittelharte Maschinenstahl (mit etwa 0,2 bis 0,5% Kohlenstoff), dann der harte Maschinenstahl (mit 0,6 bis 0,8%) und zuletzt der Werkzeugstahl (mit 0,9 bis 1,5% Kohlenstoff). Ähnliches gilt für den weichen bis harten Stahlguß, und auch von Grauguß lassen sich die weichen Sorten (mit viel Graphit) erheblich leichter schneiden als die harten (mit wenig Graphit). Daß aber auch die Zähigkeit das Schneiden erschwert, sieht man klar an den Nickel- und Nickel-Chromstählen, deren Haupteigenschaft eine verhältnismäßig große Zähigkeit ist. Diese Nickel- und Nickel-Chromstähle lassen sich erheblich schlechter schneiden als gewöhnliche Maschinenstähle von derselben Härte und Festigkeit. Weiter läßt sich Aluminium, obwohl es erheblich weicher und weniger fest als weiches Eisen ist, doch wesentlich unbequemer bearbeiten wegen seiner großen Bildsamkeit. Von Messing lassen sich diejenigen Sorten am angenehmsten schneiden, die durch einen Gehalt von etwa 50% Zink oder durch einen geringen Bleigehalt etwas härter und spröder sind als die anderen Sorten.

Tatsächlich ist für jedes Material die Schnittkraft und Schnittarbeit anders. In Zahlentafel 1 sind Mittelwerte der Schnittkraft k für 1 qmm Querschnitt für die wichtigsten Maschinenbaustoffe zusammengestellt, und zwar sind je zwei Werte für k angegeben, einmal als k_1, abhängig von der Festigkeit des Stoffes K_z in kg/qmm, und zweitens als k_2, als eine bestimmte Anzahl von Kilogramm.

Material und Schneidenwinkel. Da die Art des Stoffes von so erheblichem Einfluß auf die Schnittkraft ist, wirkt sie auch sehr stark auf die Größe der Schneidenwinkel ein: es muß der Keilwinkel um so größer, demnach der Brustwinkel um so kleiner sein, je härter und fester der Stoff ist. Sprödes Material verlangt aber dabei einen im Vergleich zu seiner Festigkeit großen Keilwinkel, weil es die Schneide ganz vorn an der Kante beansprucht, da hier der Span völlig zerbricht, während er bei zäherem Material über die Brust abfließt.

Zweckmäßige Größen der Schneidenwinkel für die verschiedenen Fälle werden später angegeben (siehe Zahlentafel 2).

6. Einfluß der Schnittgeschwindigkeit.

Schnittkraft und Schnittgeschwindigkeit. Die Schnittgeschwindigkeit, d. i. die Geschwindigkeit (meist ausgedrückt in m/sk), mit der beim Arbeiten die Schneide und das Arbeitsstück sich gegeneinander bewegen, hat auf die Schnittkraft unmittelbar so gut wie keinen Einfluß; es behält also die Schnittkraft unverändert ihren Wert bei, ob die Geschwindigkeit größer oder kleiner ist. Die sekundliche Arbeitsleistung, da sie = Schnittkraft × Geschwindigkeit ist, wächst natürlich mit der Geschwindigkeit.

Mittelbar hat die Geschwindigkeit insofern einen Einfluß auf die Schnittkraft, als die Schneide um so eher stumpf wird, je größer die Geschwindigkeit ist und andererseits, wie wir früher gesehen haben, die Schnittkraft wächst, wenn die Schneide stumpfer wird.

Schnittkraft und Schnittdauer. Einen großen Einfluß hat die Schnittgeschwindigkeit auf die Schnittdauer, d. i. die Zeit, die die Schneide arbeiten kann bis sie stumpf geworden und nachgeschliffen werden muß. Mit wachsender Geschwindigkeit nimmt die Dauer rasch ab, rascher als die Geschwindigkeit wächst.

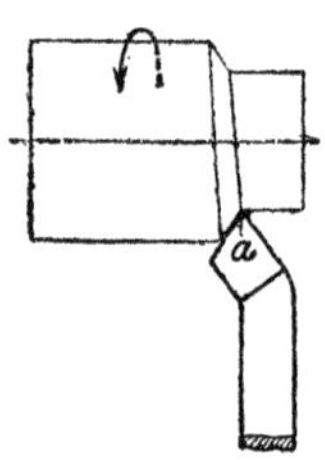

Fig. 40. Schneide mit scharfer Spitze.

Daher vor allem liebt die Werkstatt die gar zu hohen Geschwindigkeiten nicht; sie weiß, daß sie mit etwas geringerer Geschwindigkeit, trotz etwas längerer Maschinenlaufzeit, besser fährt.

Die mit Rücksicht auf die Schnittdauer noch zulässige Schnittgeschwindigkeit hängt außer vom Material des Werkzeugs und des Arbeitsstückes erheblich vom Spanquerschnitt und der Form der Schneide ab. Eine längere schräg stehende Schneidkante und ein mehr breiter als dicker Span erhöhen die Schnittdauer bzw. die zulässige Schnittgeschwindigkeit und das gleiche gilt von der Abrundung an der Spitze der Schneide bei *a* (Fig. 40).

Spanmenge. Schnittdauer, Schnittgeschwindigkeit und Spanquerschnitt bestimmen die Spanmenge. Erfahrung und Versuche haben ergeben, daß die Spanmenge größer ist bei etwas geringerer Schnittgeschwindigkeit und dafür stärkerem Spanquerschnitt als umgekehrt, und zwar bewirkt das besonders die Vergrößerung der Spanbreite. Praktisch kann von dem starken Querschnitt allerdings nur Gebrauch gemacht werden, wenn das Arbeitsstück genügend starr und die Maschine genügend schwer ist.

Zahlenangaben über die günstigsten Schnittgeschwindigkeiten für die verschiedenen Arbeitsweisen und Materialien sollen hier nicht gemacht werden; einmal würden sie über den Rahmen dieses Buches hinausgehen, dann auch findet man sie in jedem technischen Taschenbuch.

7. Schneidwärme.

Bedeutung und Einfluß der Schneidwärme. Daß bei allen Schneidarbeiten Wärme entsteht, ist jedem Werkstattsmann bekannt; trotzdem wird die Erwärmung vielfach nicht für so wichtig genommen, wie sie es tatsächlich ist. Sie in erster Linie begrenzt die Leistungsfähigkeit der Schneide, besonders beim Schruppen, indem sie die Schnittdauer bestimmt. Der Grund dafür liegt im folgenden:

Durch höhere Temperaturen wird die Schneide so weit angelassen, daß sie weicher wird und deshalb durch die Reibung des Spanes sich schnell abnutzt. Eine Schneide aus gewöhnlichem Werkzeugstahl

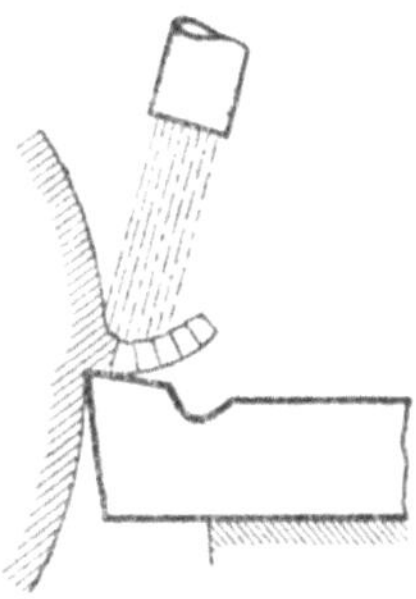

Fig. 41. Kühlen durch Flüssigkeit auf den Span.

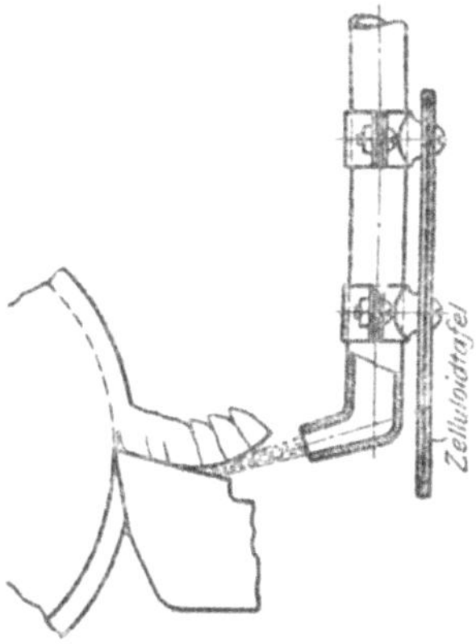

Fig. 42. Kühlen durch Flüssigkeit zwischen Span und Brust.

(Kohlenstoffstahl) kann etwa 200 bis 230° C vertragen, bis ihre Härte merklich abzunehmen beginnt, eine Schneide aus Schnellstahl hingegen etwa 500 bis 700°. Das ist der Grund, weshalb ein Schnellstahl so viel mehr leistet, etwa das Zehnfache, wie ein Kohlenstoffstahl.

Ursprung und Verbleib der Wärme. Wenn wir untersuchen, woher die Wärme stammt, müssen wir uns daran erinnern, was früher (Seite 2 u. 3) über die Spanbildung gesagt ist. Fast die ganze Arbeit, die zum Aufstauchen, Lostrennen und Aufbiegen des Spanes nötig ist, und besonders die Arbeit, die für die Reibung des Spanes an der Schneidbrust und des Arbeitsstückes am Schneidrücken verbraucht wird, setzt sich in Wärme um. Daher entsteht um so mehr Wärme, je größer die gesamte, zum Zerspanen aufgewendete Arbeit ist.

Die entstehende Wärme geht zu einem Teil in die Späne, das Arbeitsstück und die umgebende Luft, zum anderen Teil in den Stahl. Nur dieser Teil ist für uns hier von Wichtigkeit; denn nur er ruft die Erwärmung der Schneide hervor und schließlich das Anlassen. Um die Erwärmung der Schneide niedrig zu halten, hat man zweierlei zu tun: man muß erstens dafür sorgen, daß nur ein möglichst geringer Teil der Wärme in die Schneide geht, und zweitens, daß die Wärme von der Schneide möglichst rasch fortgeleitet wird. Die Mittel, durch die man das erreichen kann, sind: künstliche Kühlung und geeignete Formgebung des Stahles.

Künstliche Kühlung. Sie besteht beim Schruppen gewöhnlich darin, daß man durch eine Pumpe einen kräftigen Flüssigkeitsstrahl auf die Schnittstelle wirft und zwar entweder auf den Span, wo er abgebogen wird, wie in Fig. 41, oder zwischen Brustfläche und Span, wie in Fig. 42, um möglichst nah an die Haupterzeugungsstelle der Wärme heranzukommen. Stört im letzten Fall das Rohr die Spanbildung, kann es auch seitlich angebracht werden.

Die Flüssigkeit nimmt einen erheblichen Teil der Wärme auf je nach ihrer Menge und je nach ihren physikalischen Eigenschaften (spezifische Wärme, Übergangswiderstand usw.). Diese Eigenschaften sind am günstigsten bei Wasser, das daher auch mit einem Zusatz von Soda, um die Rostbildung zu verhüten, vielfach benutzt wird. Statt dessen nimmt man auch wohl Emulsionen mit verseifbarem Öl (Bohröl). Diese künstliche Kühlung ist besonders für die Arbeiten mit ununterbrochener Zerspanung wie Drehen und Ausbohren wichtig, weil bei diesen die natürliche Kühlung durch die Luft nur gering ist. Für Arbeiten mit Leergang wie Hobeln und Stoßen, spielt dagegen die natürliche Kühlung, eine große Rolle und muß häufig die künstliche ersetzen. Nach Versuchen des bekannten amerikanischen Ingenieurs Taylor wird es beim Drehen durch ausreichende Kühlung möglich, die Schnittgeschwindigkeit und damit die Schnittleistung bei schmiedbarem Eisen um 30 ÷ 40 %, bei Gußeisen um etwa 15 % zu erhöhen bzw. bei gleicher Schnittgeschwindigkeit die Schnittdauer entsprechend zu verlängern. Wenn trotzdem in den Werkstätten, wenigstens an den gewöhnlichen Drehbänken, vorwiegend ohne Kühlung gearbeitet wird, so hat das seinen Grund vor allem in den Bänken, die meist für reichliches Kühlen nicht eingerichtet sind, da sie für gewöhnlich nicht nur zum Schruppen dienen. Aber auch mit geeigneten Einrichtungen hat der große Wasserzufluß Unannehmlichkeiten: er spült die feinen Späne überall in die Führungen, er erschwert die Beobachtung der Schnittstelle und vor allem das Reinigen der Bank.

Auf Revolverdrehbänken und Automaten, besonders beim Arbeiten mit Formstählen und Schneideisen, werden als Kühlflüssigkeit meist fette Öle, d. i. pflanzliche oder tierische Öle, wie Specköl und Rüböl, benutzt. Diese Öle sollen nicht nur kühlen, sondern auch die Reibung zwischen Span und Schneide und zwischen Schneide und Arbeitsstück verringern und damit die entstehende Wärmemenge vermindern. Wie weit sie das tun, ist noch nicht aufgeklärt, wohl aber ist kein Zweifel, daß sie die Schneidkante sehr schonen und die Sauberkeit der Arbeitsfläche erhöhen.

Auch auf der Drehbank verwendet man fette Öle beim Gewindeschneiden, Schlichten und ähnlichen Arbeiten mit geringer Zerspanung und Wärmeentwicklung. Dabei wird das Öl in kleiner Menge mit dem Pinsel aufgetragen.

An Stelle der Flüssigkeit kann man zum Kühlen beim Schruppen auch Preßluft verwenden. Sie hat den Vorteil, daß sie billig ist und die Bank nicht verschmiert. den Nachteil, daß sie die Späne umherwirbelt und weniger ausgiebig kühlt. Viele Erfahrungen liegen noch nicht vor.

Formgebung des Stahls. Die Wärmeleitung ist bei einem bestimmten Stahl um so besser, je größer die Querschnitte sind, durch die die Wärme abfließen muß. Während am Schaft die Querschnitte fast immer so groß sind, daß hier eine erhebliche Erwärmung schon nicht mehr vorkommt und die Wärme bequem von der umgebenden Luft und bei guter Auflage von dem Stichelhaus aufgenommen wird, sind die Querschnitte am Schneidkopf vielfach so klein, daß die Wärme sich staut und die Temperatur stark ansteigt. Es ist also besonders wichtig, an der Schneide für genügende Durchflußquerschnitte zu sorgen, indem man die Stahlwinkel möglichst groß macht. Fig. 43 u. 44 zeigen, daß ein größerer Winkel die Wärme besser leitet als ein kleinerer. Der Keilwinkel der Schneide darf allerdings nicht zu groß genommen werden, weil sonst die Schnittwirkung zu ungünstig wird; hingegen ist

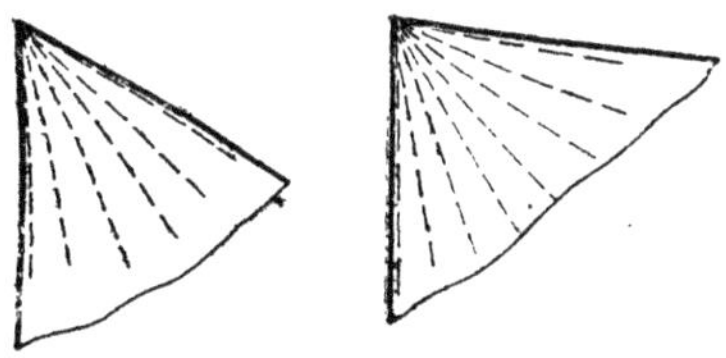

Fig. 43 u. 44. Wärmeleitung bei kleinem und großem Winkel.

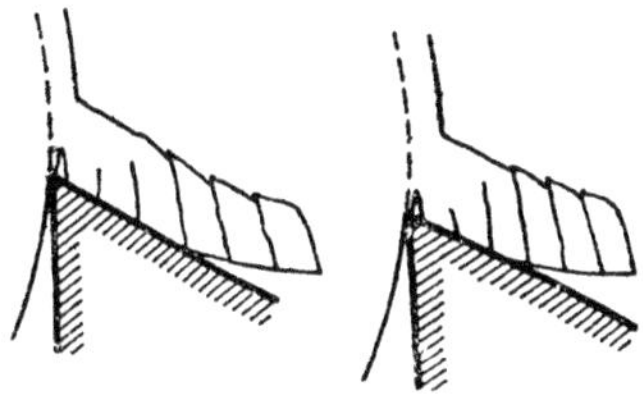

Fig. 45 u. 46. Abfließen des Spans bei Stoffen von verschiedener Zähigkeit.

der Winkel an der Spitze bei *a* (Fig. 40) oft unnötig klein. Die Spitze selbst soll möglichst abgerundet werden.

Vor allem muß man aber dafür sorgen, daß von vornherein die Wärmemenge über eine möglichst große Strecke verteilt wird. Das erreicht man durch einen recht breiten Span, wie ihn die schräg zur Achse stehende Schneide (Fig. 29 u. 40) ergibt. Bei einer Schneide unter 45° z. B. ist bei derselben Schnittiefe die Spanbreite und Wärmeabflußstelle fast 1,5 mal so groß wie bei einer senkrecht stehenden Schneide. Darin liegt der Hauptgrund für das auf Seite 5 erwähnte vorteilhafte Arbeiten der schräg stehenden Schneiden.

Obwohl Schnellstahl viel höhere Temperaturen verträgt als Kohlenstoffstahl, leitet er die Wärme erheblich langsamer weiter, so daß eine Schnellstahlschneide schon dunkelrot sein kann, während der Schaft kaum handwarm ist. Deshalb ist bei Schnellstahl eine Flüssigkeitskühlung und richtige Formgebung der Schneide besonders vorteilhaft.

Einfluß des Stoffes des Arbeitsstücks. Über den Einfluß des Stoffes ist schon Seite 13 gesagt, daß sowohl die Härte und Festigkeit wie auch die Bildsamkeit und Zähigkeit die zum Zerspanen nötige Arbeit und damit auch die entstehende Wärmemenge vermehren. Die Wärmemenge wächst mit dem Schnittdruck, der Gleitgeschwindigkeit des Spans und der Reibungsziffer. Für die Temperatur, die die Schneide infolge der Wärmemenge annimmt, ist aber noch die Art der Spanbildung von besonderer Bedeutung. Bei zähem Material, wie schmiedbarem Eisen, fließt der Span in Locken über die Brust ab und ist dadurch auf einer Strecke mit der Brustfläche in Berührung, die um so länger ist, je zäher das Material ist (Fig. 45 u. 46). Dadurch kommt die Wärme, die der Span enthält und die er durch seine Reibung erzeugt, weniger ganz vorn an die Schneidkante, sondern geht vor allem in die Schneide an einer Stelle, wo sie schon eine erhebliche Stärke hat. Anders liegt die Sache bei spröden Stoffen wie Gußeisen und besonders Hartguß. Hier geschieht das Zerspanen bzw. das Zerbröckeln nur ganz vorn an der Schneidkante, und alle Wärme, die entsteht, muß durch die Schneidkante hindurch und erhöht so deren Temperatur.

8. Schnittkräfte und Abmessungen der Stähle.

Beanspruchung der Stähle. Wir haben gesehen, daß die Schnittwinkel durch das zu zerspanende Material bestimmt werden. Breite und Höhe des ganzen Schneidkopfes hängen im wesentlichen von der Schwere der Schnitte ab und werden praktisch durch die Abmessungen des Schaftquerschnittes festgelegt.

Fig. 47. Einspannung und Beanspruchung.

Der Schaftquerschnitt muß sich nach der Beanspruchung richten. Die Beanspruchung hängt aber nicht nur von der Schwere der Schnitte, also der Größe der Schnittkräfte ab, sondern auch von der Einspannung: sie wächst mit der Länge l (Fig. 47), um die die Schneide über die Auflagefläche vorsteht. Um daher bei gegebener Schnittkraft eine möglichst kleine Beanspruchung zu bekommen, ist es nötig, l möglichst klein zu halten, d. h. den Stahl so kurz wie möglich einzuspannen.

Die Schnittkraft P ergibt einen Moment $P \times l$, das den Schaft in einer senkrechten Ebene durchzubiegen bzw. abzubrechen sucht. Der Vorschubdruck P_v ergibt einen Moment $P_v \times l$, das den Schaft in wagerechter Ebene beansprucht. Das Moment der Rückdruckkraft P_s ist so gering, daß es vernachlässigt werden kann. Die Resultierende P_r von P und P_v ergibt noch ein Moment $P_r \times s$ (Fig. 48 u. 49), das den Stahl um die Kante a zu kippen sucht.

Berechnung des Schaftquerschnittes. Aus den angegebenen Momenten könnte man nach bekannten Formeln der Festigkeitslehre den Schaftquerschnitt von vornherein auf Festigkeit berechnen. Diese Berechnung würde aber unzulänglich bleiben aus folgenden Gründen:

1. Die angreifenden Kräfte P, P_s, P_v sind nicht genügend genau bekannt, besonders nicht ihr größter Wert beim Stumpfwerden der Schneide.

2. Die zulässige Beanspruchung kann nicht mit einiger Sicherheit angenommen werden, weil von dem benutzten Werkzeugstahl meist die Zerreißfestigkeit nicht bekannt zu sein pflegt und weil durch das

Härten erhebliche, aber unbekannte Festigkeitsänderungen hervorgerufen werden, dazu Spannungen und oft auch Risse.

3. Die Berechnung auf Festigkeit genügt überhaupt nicht, weil der Querschnitt nicht nur genügende Sicherheit gegen Brechen geben, sondern auch so starr sein muß, daß der Schneidkopf nicht ungebührlich federt. Auch muß die Wärmeleitung an allen Stellen ausreichend groß sein.

So wird im allgemeinen der Stahlquerschnitt aus der Erfahrung bestimmt. Daneben wird natürlich ein Nachrechnen in vielen Fällen recht nützlich sein, besonders um festzustellen, ob die Grenze für die Festigkeit nicht unterschritten ist.

Form des Querschnittes. Der Querschnitt wird entweder quadratisch gewählt oder rechteckig, die hohe Kante senkrecht zur Auflagefläche (Fig. 48 u. 49). Die hochkantige Form ist darum vorteilhaft, weil sie dem Moment $P \times l$, dem bei weitem größten, einen verhältnismäßig sehr großen Widerstand bietet; denn das Widerstandsmoment wächst mit der dritten Potenz der Querschnittshöhe. Daher kann bei der hoch-

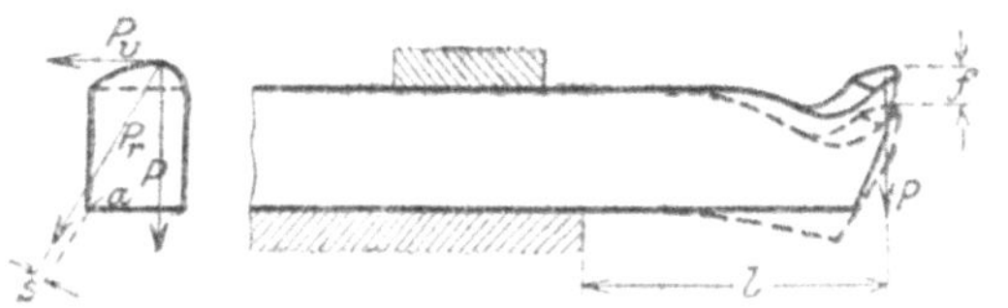

Fig. 48 u. 49. Schaftabmessungen und Beanspruchung.

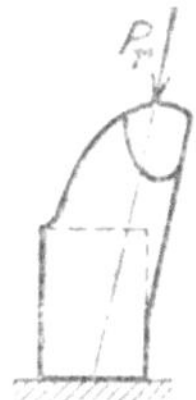

Fig. 50. Standsicherheit des Taylorstahls.

kantigen Form der Querschnitt verhältnismäßig klein sein. Andererseits aber ist die Standsicherheit des hochkantigen Querschnittes um so geringer, je höher und schmaler er ist; denn das Kippmoment der Resultierenden P_r nimmt mit der Höhe des Querschnittes zu, während das Widerstandsmoment gegen Kippen abnimmt, wenn der Querschnitt schmaler wird. Eine praktische Tatsache kommt hinzu, die Querschnittshöhe zu begrenzen: Die Drehachse liegt meistens nicht so hoch über der Supportauflagefläche, als daß ein recht hoher Stahl benutzt werden könnte. Für Schruppstähle schwankt daher das Verhältnis von Höhe zu Breite meist zwischen 1 : 1 und 1,5 : 1.

Am größten ist die Standsicherheit eines Querschnittes, wenn die Resultierende P_r durch die Mitte der Auflagefläche geht. Bei dem hohen Querschnitt des Taylorstahls mit dem noch hochgekröpften Kopf ist das dadurch erreicht, daß der Kopf zugleich auch seitlich vorgekröpft ist (Fig. 50).

Länge der Stähle. Im Interesse der guten Ausnutzung liegt es, den Stahl möglichst lang zu wählen; denn das Stückchen, das schließlich zum Einspannen zu kurz ist, ist ein geringerer Teil eines langen als eines kürzeren Stahles. Andererseits ist ein zu langer Stahl unbequem und stört beim Arbeiten. Die Länge wird entsprechend dem Querschnitt und der Größe der Bank nach der Erfahrung gewählt.

Das Federn der Stähle ist eine Folge der Durchbiegung und der schwankenden Schnittkräfte. Durchbiegung und Federung wachsen aber nicht wie das angreifende Moment und die Beanspruchung auf Festigkeit einfach mit der Länge l, sondern mit l^3, also ungemein viel rascher als l. Will man daher das Federn vermeiden oder doch sehr gering halten, so muß man besonders darauf achten, daß der Stahl recht kurz eingespannt wird.

Beispiel: Für einen rechteckigen Stahl vom Querschnitt 30×20 qmm sei der Schnittdruck $P = 700$ kg, der Vorschubdruck $P_v = 200$ kg und die Länge $l = 30$ mm (Fig. 48).

Damit berechnet sich nach bekannten Gleichungen der Festigkeitslehre die größte Biegungsbeanspruchung des Querschnittes zu $\sigma_{max} = 875$ kg/qcm, was als sehr mäßig und durchaus zulässig anzusehen ist.

Die Durchbiegung, nur vom Schnittdruck P herrührend, wird

für $l = 30$ mm : $f = 0{,}0064$ mm
„ $l = 100$ „ : $f = 0{,}24$ „
„ $l = 200$ „ : $f = 1{,}9$ „

Durchbiegung und Schnittdruck allein erklären das „Rattern“, das manchmal sehr stark, dann wieder nur schwach auftritt, nicht. Eine große Rolle spielen jedenfalls dabei Schwingungen, die sowohl von Form und Einspannung der Arbeitsstücke wie von Form und Größe der Schneide und der Richtung des Vorschubes abhängen. Doch sind diese Dinge z. Z. noch sehr wenig geklärt.

II. Drehstähle.

1. Einfluß des Drehens auf die Stahlform.

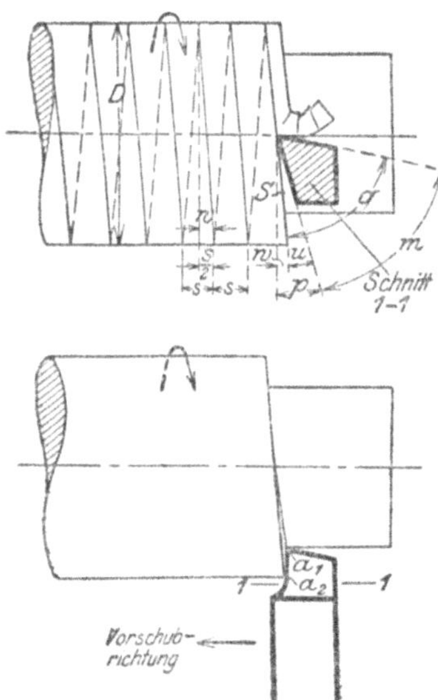

Fig. 51 u. 52. Langdrehen.

Wenn auch die Grundlage für alle Arten von Schneidstählen die gleiche ist, so hat doch jede Arbeitsweise etwas Besonderes, das auf die Form der Werkzeuge von Einfluß ist. Beim Drehen äußert sich dieser Einfluß wie folgt:

Einfluß der Schnittfläche. Beim Langdrehen (Fig. 39, 40, 51 u. 52), bei dem der Stahl parallel zur Drehachse verschoben wird, wird die Arbeitsfläche ein Zylinder, die Schnittfläche scheinbar eine Kreisring- bzw. eine Kegelfläche. Beim Plandrehen (Fig. 53), Einstechen oder Abstechen (Fig. 54 u. 55), bei dem der Stahl senkrecht zur Drehachse vorgeschoben wird, wird die Arbeitsfläche eine Ebene, die Schnittfläche scheinbar eine Zylinder- oder Kegelfläche. Wir sagen scheinbar, denn tatsächlich werden die Schnittflächen immer Spiralflächen wegen des stetigen Vorschubes des Stahles. Die Neigung der Spiralfläche S und ihre Abweichung von der senkrechten bzw. Zylinderfläche ist um so größer, je größer der Vorschub und je kleiner der Durchmesser D des Arbeitsstückes ist. Der Neigungswinkel $w = p - u$ (Fig. 51 u. 54) läßt sich leicht berechnen. Wenn s der Vorschub für eine Umdrehung ist, so ergibt sich nach Fig. 51 u. 52: $\operatorname{tg} w = {}^{s}/_{2} \cdot {}^{1}/_{D}$. Ist daher z. B. $s = 5$ mm und $D = 50$ mm, so ist $\operatorname{tg} w = 0{,}05$ oder $w = 3°$.

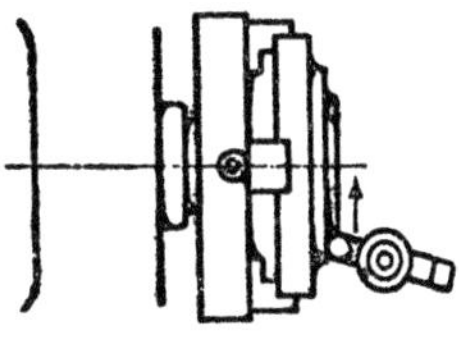

Fig. 53. Plandrehen.

Wir haben (Seite 10) gesehen, daß der Stahlrücken gegen die Schnittfläche S geneigt sein muß um den Anstellwinkel u. Während nun bei manchen Schneidvorgängen der Anstellwinkel gleich dem Rückenwinkel der Schneide ist, sehen wir, daß beim Drehen Rücken- und Anstellwinkel etwas verschieden werden: der Anstellwinkel wird um den Neigungswinkel w der Schnittfläche kleiner als der Rückenwinkel. In vielen Fällen ist w so gering, daß es vernachlässigt werden kann. Beim Schruppen mit starkem Vorschub aber kann es einige Grad groß werden, wie das Beispiel oben zeigt. Daher muß beim Schruppen

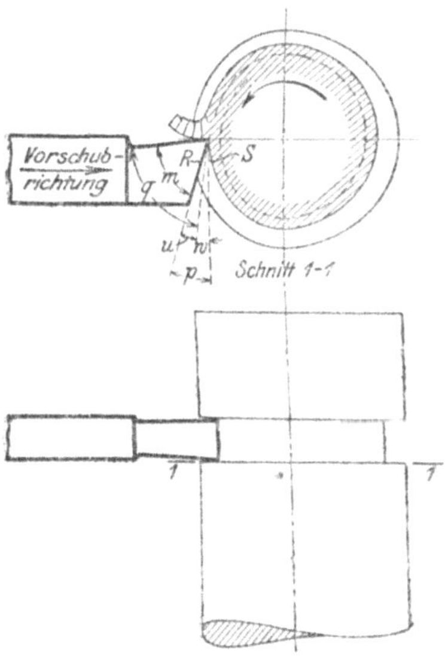

Fig. 54 u. 55. Einstechen.

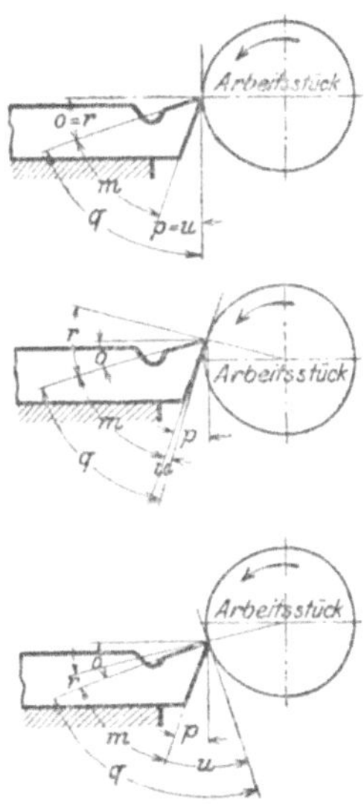

Fig. 56 ÷ 58. Einfluß der Höhenstellung der Schneide.

der Rückenwinkel p der Schneide groß genug gewählt werden, damit ein genügender Anstellwinkel u übrigbleibt, so daß die Rückenfläche nicht auf der Schnittfläche reibt.

Sehr groß wird der Neigungswinkel w der Schnittfläche beim Hinterdrehen: oft 15° und mehr. Daher bekommen Hinterdrehstähle einen Rückenwinkel von 25 bis 35°.

Als Einfluß der Schnittfläche kann es auch gerechnet werden, daß beim Langdrehen die Schnittgeschwindigkeit an den verschiedenen Stellen der Schnittkante verschieden, und zwar um so größer ist, je weiter die Stelle von der Achse entfernt liegt. Daher ist die Schnittgeschwindigkeit bei a_2 (Fig. 52) größer als bei a_1.

Einfluß der Stahlstellung. Von größerem Einfluß als im allgemeinen die Form der Schnittfläche ist die Stellung des Stahles zum Arbeitsstück. Wenn der Stahl in der Höhe der Drehachse steht (Fig. 56), so ist — von dem Neigungswinkel w der Schnittfläche abgesehen — der Rückenwinkel p = dem Anstellwinkel u und der Brustwinkel o = dem Spanwinkel r. Steht der Stahl dagegen höher (Fig. 57), so daß die Tangente an die Arbeitsfläche mit der Senkrechten den Winkel x bildet, so werden der Schnittwinkel q und der Anstellwinkel u um x kleiner als vorher, der Spanwinkel r um x größer. Steht der Stahl tiefer (Fig. 58), so werden q und u um x größer, r um x kleiner (in Fig. 58 negativ).

Der Drehstahl wird zwar sehr häufig auf Mitte (Achsenhöhe) gestellt, doch durchaus nicht immer. Beim Schruppen fast aller und beim Schlichten dünner und langer Stücke stellt man ihn oft etwas über Mitte, weil er nach Ansicht vieler dann günstiger arbeitet. Der Grund dafür kann nur in der oben besprochenen Veränderung der Schnittwinkel liegen. Daher müßte es auch ohne weiteres möglich sein, durch anderes Schleifen und Stellen auf Mitte genau das gleiche zu erzielen. Eine Rechtfertigung kann das Überhöhen nur darin finden, daß es gestattet, mühelos die Schnittwinkel den wechselnden Verhältnissen (besonders den Durchmessern des Arbeitstücks) etwas anzupassen, ohne die Schneide selbst zu ändern.

Unter Mitte stellt man beim Außendrehen den Stahl meist nicht. Durch erhebliches Tieferstellen kann der Druck auf das Arbeitsstück unter Umständen so groß werden, daß der Stahl zerbricht oder das Arbeitsstück aus den Spitzen gerissen wird.

Schließlich sei noch darauf hingewiesen, daß der Einfluß des Höher- oder Tieferstellens um so geringer ist, je weniger schräg die Schneide zur Arbeitsfläche steht, also je größer Winkel y (Fig. 29) ist, und daß der Einfluß = 0 ist, wenn die Kante senkrecht steht, also Winkel $y = 90°$ ist (Fig. 52).

2. Schruppstähle.

Ihre Aufgabe ist es, größere Mengen Material in möglichst kurzer Zeit zu zerspanen, ohne viel Rücksicht auf Genauigkeit und Sauberkeit der Arbeitsfläche.

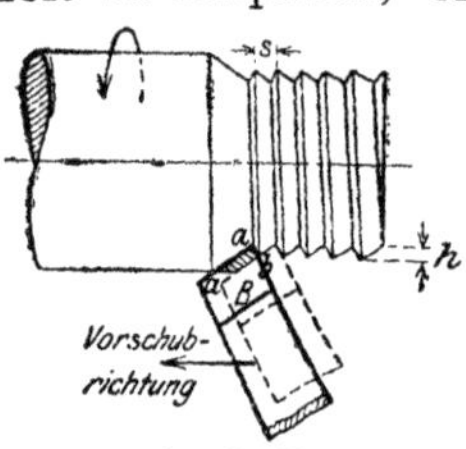

Fig. 59. Gerader Drehstahl, schrägstehend.

Form und Stellung der Schneidkante. Über die Vorzüge und Nachteile der geraden und gebogenen Schneide ist Seite 9 schon allgemein gesprochen. Für Dreh-Schruppstähle werden beide Arten viel benutzt (Fig. 59 ÷ 61). Sie hinterlassen auf der Arbeitsfläche schraubenförmige Erhöhungen, die, wie wir bereits wissen, bei den geraden Kanten größer als bei den gebogenen sind. Aus diesem Grund und besonders um das frühzeitige Stumpfwerden der Spitze zu vermeiden, werden die geraden Kanten an der Spitze meist abgerundet. Von oben gesehen, im Grundriß, bilden sie mit der Drehachse den Neigungswinkel y; senkrecht stellt man die Kante beim Schruppen nur dann, wenn man Wert darauf legt, die Stirnfläche von Bunden u.dgl. gleich mit anzudrehen (Fig. 52). Denn die geneigte Lage fördert den ruhigen Spanabfluß und erhöht die Haltbarkeit der Schneide. Winkel y von 35 bis 45° haben sich als die günstigsten erwiesen. Allerdings gilt das zunächst nur für Arbeitsstücke, die im Verhältnis zur Länge genügend dick sind. Denn je kleiner der Winkel y ist, um so größer wird die Kraft P_s (Fig. 60), die das Arbeitsstück auf Biegung beansprucht. Lange und dünne Arbeitsstücke würden sich (beim Arbeiten ohne Brille) unter einer großen Druckkraft P_s stark durchbiegen und dadurch nach der Mitte zu dicker werden oder unter Umständen auch aus den Spitzen gerissen werden. Bei ihnen darf daher y nicht zu klein gewählt werden.

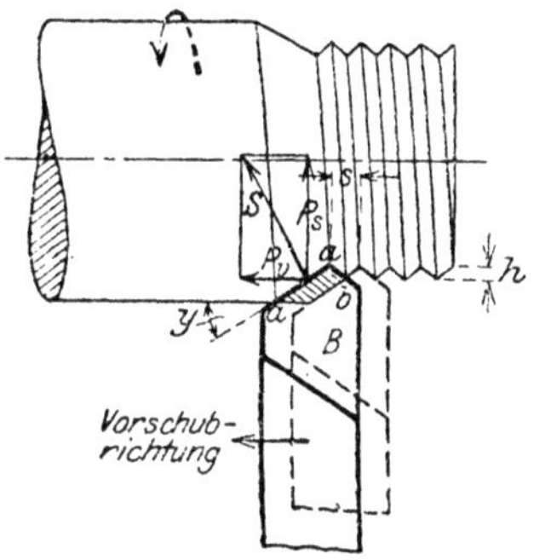

Fig. 60. Drehstahl mit schräger Schneide.

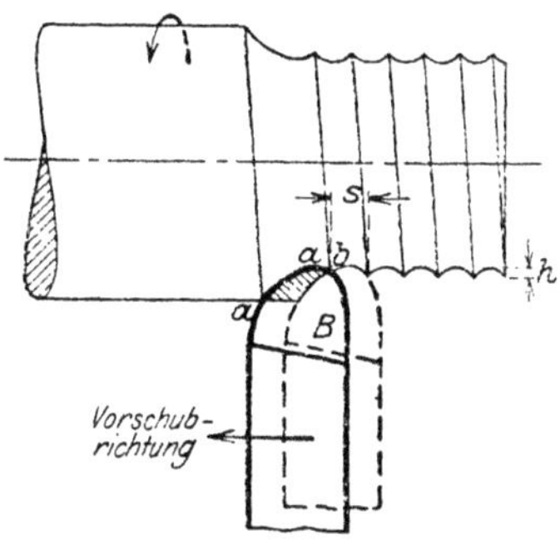

Fig. 61. Drehstahl mit gebogener Schneide.

Von vorn gesehen im Aufriß stellt man die Schneide, wie schon erwähnt, meist um einige Hundertstel des Drehdurchmessers höher als die Drehachse. Der Höhenneigungswinkel z (Fig. 30) beträgt gegenüber der Auflagefläche meist 3 bis 10°.

Die günstigsten Schnittwinkel. Von den günstigsten Schnittwinkeln wird verlangt:

1. daß die Schneide bei großer Leistung eine erhebliche Zeit (einige Stunden) arbeiten kann, ohne so stumpf zu werden, daß sie nachgeschliffen werden muß;
2. daß die Schneide ruhig arbeitet und nicht ins Material einhakt oder saugt;
3. daß die Schneide nicht zu schwer schneidet, also die Kräfte nicht zu groß werden und nicht zu viel Arbeit verbraucht wird.

Die möglichst vollkommene Erfüllung jeder dieser Forderungen einzeln für sich würde andere Winkel verlangen, die sich auch noch nach der Art der Arbeit und, genau genommen, sogar nach den Betriebsverhältnissen richten müßten. Bedenkt man weiter die früher besprochene Abhängigkeit der Winkel vom Material, so sieht man leicht ein, daß es eine sehr schwierige, wenn nicht unmögliche Sache ist, in jedem Fall die wirklich günstigsten Winkel zu bestimmen. Man begnügt sich daher mit Mittelwerten, die, aus der Erfahrung und besonderen Versuchen bekannt geworden, sich für die meist üblichen Arbeiten eignen. In der Zahlentafel 2 sind sie für die wichtigsten Maschinenbaustoffe zusammengestellt. Sie gelten für die Winkel in der Ebene senkrecht zur geraden Hauptschneide oder für die gebogene Schneide in der Ebene des stärksten Spanquerschnittes. Für den Rückenwinkel wird der größere Wert genommen bei freihändigem Schleifen, der kleinere beim Schleifen mit zwangläufiger Führung.

Zahlentafel 2.

Günstige Schnittwinkel für Schruppstähle.

Material	Messing, Rotguß, Zinnbronze, Leichtmetalle	Schmiedeisen, weicher Stahl, weicher Grauguß	Mittlerer und harter Stahl, hochwertiger Maschinenguß	Hartguß, harter Stahlguß, hartgebremste Bandagen
Rückenwinkel . .	6 ÷ 12	6 ÷ 12	5 ÷ 10	3 ÷ 8
Brustwinkel . . .	30 ÷ 15	30 ÷ 22	16 ÷ 8	6 ÷ 0

Der vordere Brustwinkel wird etwa 4 ÷ 8° genommen (wodurch dann der Höhenwinkel festliegt). Ihn kleiner zu machen, empfiehlt sich nicht, da sonst die Kraft in Schaftrichtung zu groß wird, ihn größer zu machen, empfiehlt sich auch nicht, da dann Gefahr besteht, daß die Schneide einhakt.

Aus besonderen Gründen kann es nötig sein, von diesen Winkeln erheblich abzuweichen. Muß z. B. ein schwerer Schnitt auf einer verhältnismäßig leichten Bank genommen werden, macht man den Brustwinkel größer, damit die Schnittkräfte kleiner werden. Bleibt dann die Schnittgeschwindigkeit die gleiche, so wird natürlich die Schnittzeit kleiner, setzt man dagegen die Schnittgeschwindigkeit herab, kann die Schnittzeit ungefähr die gleiche bleiben.

Form des Schneidkopfes. Der vordere Teil des Stahles, der die Schneide enthält, heißt die Stahlnase oder der Schneidkopf. Die Ausbildung des Schneidkopfes ist sehr verschieden, und die Ansichten über die Vor- und Nachteile der einzelnen Formen gehen recht weit auseinander. Zum Teil liegt das daran, daß die Anforderungen an die Schruppstähle verschieden sind, je nach der vorliegenden Arbeit. Denn es ist ein großer Unterschied, ob z. B. ein schweres Arbeitsstück mit langen Drehflächen ausgeschruppt werden soll oder ein kleineres mit verschiedenen Durchmessern und Stirnflächen; ob von dem Schruppstahl immer nur die gleiche Arbeit verlangt wird oder größere Anpassungsfähigkeit.

Bei der Besprechung der verschiedenen Formen sollen folgende Bezeichnungen benutzt werden: Ist der Schneidkopf in Richtung des Vorschubs gekröpft, heiße er: vorwärts- oder vorgekröpft; ist er entgegen dem Vorschub gekröpft: rückwärts- oder zurückge-

kröpft; ist er in die Höhe gekröpft: *hochgekröpft*; ist er gar nicht gekröpft: *gerade*. Schneidet der Stahl nach dem Spindelkasten hin, heiße er: *rechter* Stahl, im anderen Fall: *linker* Stahl.

Von jedem zweckmäßigen Schneidkopf eines Schruppstahls muß verlangt werden:

1. möglichst wenig Schmiedearbeit zur Herstellung und Instandhaltung
2. die Möglichkeit, die Schneide oft und leicht nachschleifen zu können
3. Starrheit, so daß er beim Arbeiten nicht federt.

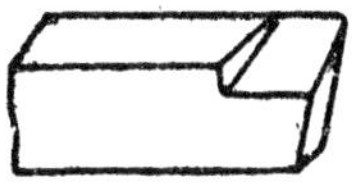

Fig. 62. Schruppstahl mit gerader senkrechter Schneide.

Fig. 63 ÷ 65. Rechter Schruppstahl mit vorgekröpfter Schneide.

Die Schruppstähle, Fig. 60 ÷ 90 werden alle in der Praxis benutzt. Die Schneidkante ist wo erforderlich, mit *a–a* bezeichnet. Es sind nur *rechte* Stähle abgebildet.

Schruppstahl Fig. 26 u. 60 hat den großen Vorteil, daß der Schneidkopf

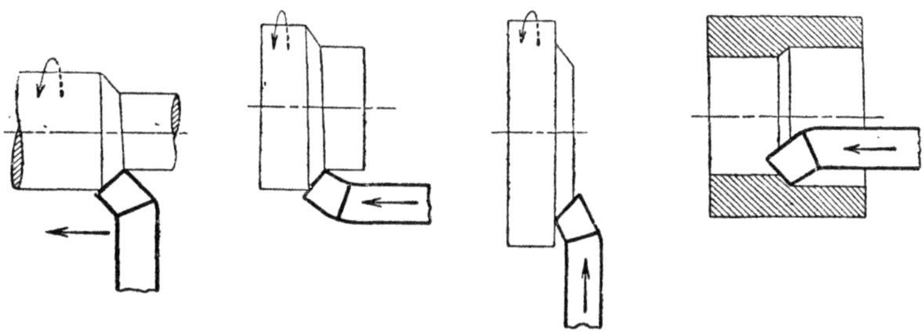

Fig. 66 ÷ 69. Vielseitige Anwendung des vorgekröpften Schruppstahls.

gar kein Schmieden verlangt, sondern aus dem vollen Stahlquerschnitt ausgehobelt, ausgefeilt oder ausgeschliffen wird. Dabei geht natürlich Material verloren, um so mehr, je größer der Neigungswinkel der Schneidkante ist; trotzdem verdient dieser Stahl weitere Verbreitung. Der Schneidkopf ist starr, die Schneide gut unterstützt. Dagegen ist das Nachschleifen an der Brustfläche etwas unbequem. Für manche Zwecke ist es ferner nachteilig, daß man nicht nahe an den Spindelkasten oder die Einspannvorrichtung herandrehen kann, da die Schneide in der Vorschubrichtung über das Stichelhaus nicht vorsteht.

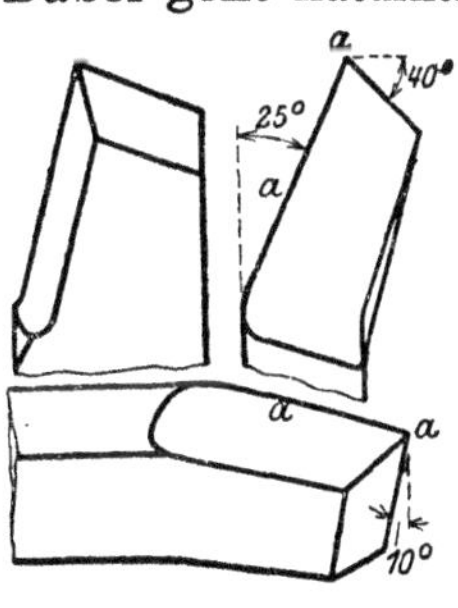

Fig. 70 ÷ 72. Rechter Schruppstahl mit zurückgekröpfter Schneide.

Einen noch einfacheren Schneidkopf, der auch leichter zu schleifen ist, hat der Stahl Fig. 62; seine Schneidkante steht aber senkrecht zur Drehachse (Fig. 52).

Der Schruppstahl (Fig. 63 ÷ 65) hat eine in Vorschubrichtung vorgekröpfte Nase, die natürlich Schmiedearbeit, wenn auch nicht

stehender Schneide den großen Vorzug, daß sie an Ansätze und Bunde ziemlich nahe herandrehen können, während die geraden Schneiden treppenförmige oder konische Schnittflächen hinterlassen (Fig. 80).

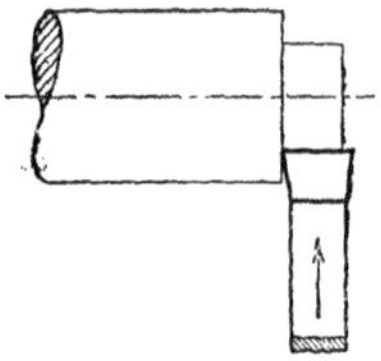
Fig. 87. Andrehen von Zapfen mit Kopfstahl.

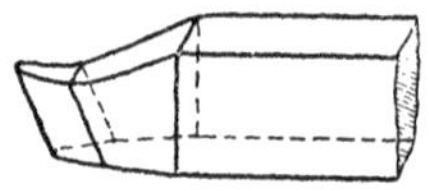
Fig. 88. Mittelschruppstahl.

Ein vorgekröpfter Schruppstahl mit gebogener Schneide ist für Auskurbeln von Hohlkehlen, das Drehen in runde Ecken nicht wohl zu entbehren (Fig. 81). Der Seiten- oder Grundschruppstahl (Fig. 82 ÷ 84) wird gebraucht, wenn Ecken scharf auszudrehen sind, und besonders dann, wenn an das Ausdrehen einer Zylinderfläche sich unmittelbar das Abdrehen einer Stirnfläche anschließt, also auf Schnittrichtung 1 (Fig. 85) so-

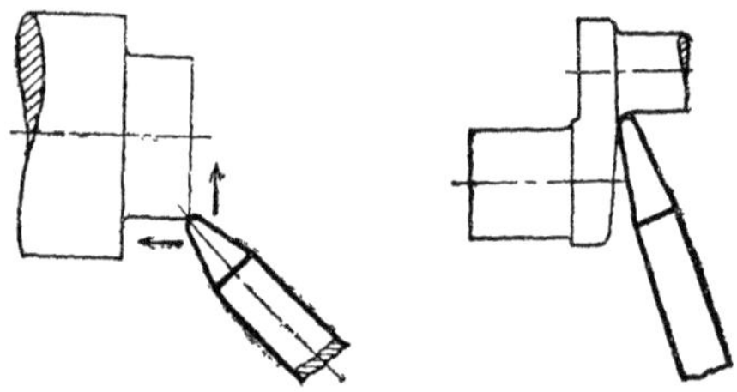
Fig. 89 u. 90. Anwendung des Mittelschruppstahls.

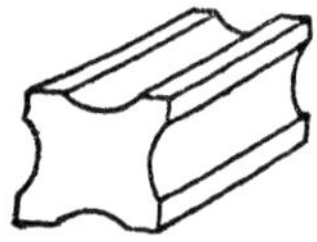
Fig. 91. Stahl zum Abdrehen von Hartgußwalzen.

gleich Schnittrichtung 2 folgt. Stähle Fig. 82 ÷ 84 finden besonders oft am Karussell Verwendung.

Der ganz gerade, sogenannte Kopfstahl (Fig. 86), der vorn an der Schneide nur etwas breiter geschmiedet ist, wird senkrecht zur Drehachse vorgeschoben wie ein Stechstahl (siehe Seite 21), um durch Einstechen Platz zu schaffen für einen gewöhnlichen Schruppstahl oder um Zapfen anzudrehen (Fig. 87).

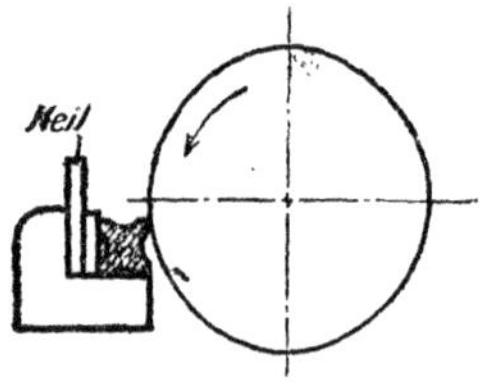

Fig. 92. Abdrehen von Hartgußwalzen.

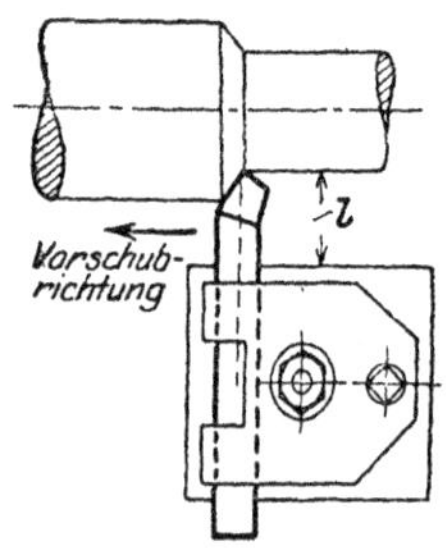

Fig. 93. Einspannung im Support.

Sehr vielseitig verwendbar, leicht herzustellen und instandzuhalten ist der Stahl Fig. 88 mit symmetrischer, gerundeter Schneide, wohl Mittelschruppstahl genannt. Für schwere Schruppleistungen ist er ebensowenig geeignet wie Stahl Fig. 84. Fig. 89 u. 90 zeigt seine Verwendbarkeit zum Abdrehen von Stirn- und Zylinderflächen und zum Ausdrehen von Rundungen, falls er unter etwa 45° schräg gestellt werden kann. Die ungewöhnliche Form des Stahles Fig. 91 hat sich zum Abdrehen von Hartgußwalzen bewährt (Fig. 92). Es ist ein 100 mm

Umgekehrt ist das Verhalten beim vorgekröpften Schruppstahl (Fig. 74): das Moment der Kraft P_v sucht die Schneide in die punktierte Lage, d.i. in die Arbeitsfläche, hineinzudrehen; es wird also das so gefürchtete Einhaken gefördert.

Fig. 75 ist ein Schruppstahl, der heute wenig mehr gebraucht wird, weil er zu viel Schmiedearbeit verlangt und weil die Rückenfläche zum Schleifen sehr lang ist.

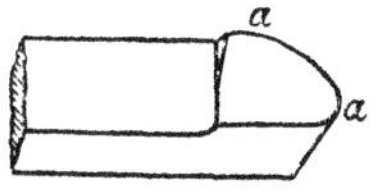

Fig. 79. Hochgekröpfter Schruppstahl.

Der von Taylor angegebene Schruppstahl mit gebogener Schneide Fig. 76, das Ergebnis jahrelanger Versuche, hat sich besonders für große Spanleistungen bei hoher Schnittgeschwindigkeit gut bewährt. Er erfordert gleichfalls viel Schmiedearbeit.

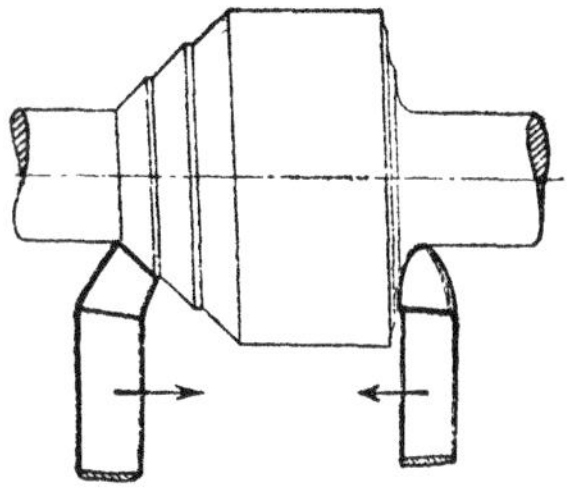

Fig. 80. Ausdrehen eines Ansatzes mit verschiedenen Schneiden.

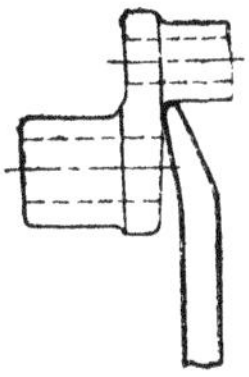

Fig. 81. Schruppstahl mit vorgekröpfter gebogener Schneide.

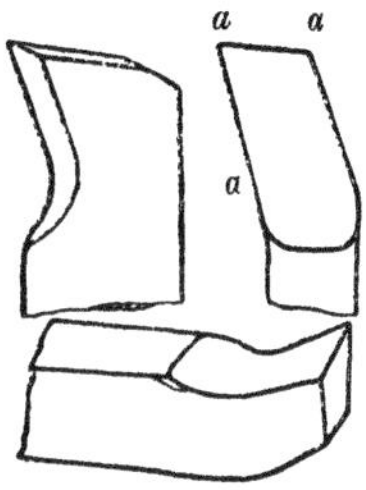

Fig. 82 ÷ 84. Seiten- oder Grundschruppstahl.

Denn die Nase ist hochgekröpft, damit die Brustfläche häufig und bequem nachgeschliffen werden kann, und ein wenig vorgekröpft, damit die Druckaufnahme am Support günstig erfolgt (s. Fig. 50). Um das Schleifen des Rückens zu verringern, ist die Rückenfläche zweckmäßig so gebrochen, daß nur der obere Teil geschliffen zu werden braucht, der allerdings nach jedem Schleifen länger wird. Fig. 77 u. 78 zeigen die Normalprofile für die verschiedenen Größen dieser Schruppstähle, und zwar A für harten Stahl und Gußeisen, B für weichen Stahl und Schmiedeisen. Bei A sind durchweg die Krümmungsradien größer, weil die geringere Neigung zu zittern bei der Bearbeitung dieser Materialien diese an und für sich günstigere Form gestattet. In beiden Fällen haben die schwächeren Stähle recht kleine Krümmungsradien, damit man gut in Ecken drehen kann, die stärkeren dagegen so große, wie es für die Sauberkeit der Arbeitsfläche erwünscht ist und wie es die Rüchsicht auf das Zittern erlaubt.

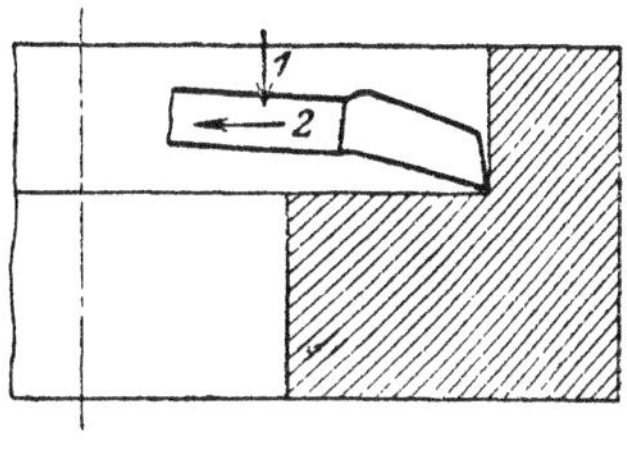

Fig. 85. Anwendung des Grundschruppstahls.

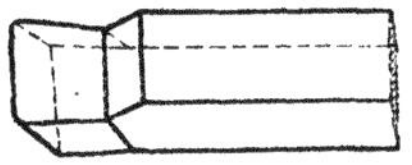

Fig. 86. Kopfstahl.

Ein ähnlicher Schruppstahl, der weniger Schmiede-, aber viel Schleifarbeit verlangt, ist Fig. 79.

Die Stähle Fig. 76 ÷ 79 haben vor den Stählen mit gerader, schrägstehender Schneide den großen Vorzug, daß sie an Ansätze und Bunde ziemlich nahe herandrehen können, während die geraden Schneiden treppenförmige oder konische Schnittflächen hinterlassen (Fig. 80).

Ein vorgekröpfter Schruppstahl mit gebogener Schneide ist für Auskurbeln von Hohlkehlen, das Drehen in runde Ecken nicht wohl zu entbehren (Fig. 81).

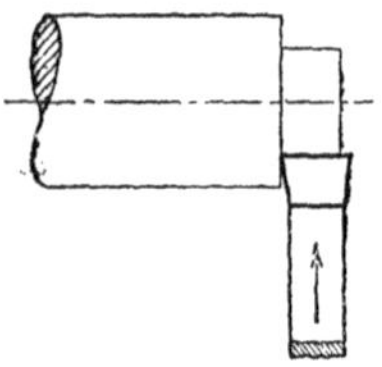

Fig. 87. Andrehen von Zapfen mit Kopfstahl.

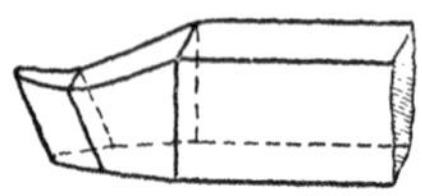

Fig. 88. Mittelschruppstahl.

Der Seiten- oder Grundschruppstahl (Fig. 82 ÷ 84) wird gebraucht, wenn Ecken scharf auszudrehen sind, und besonders dann, wenn an das Ausdrehen einer Zylinderfläche sich unmittelbar das Abdrehen einer Stirnfläche anschließt, also auf Schnittrichtung 1 (Fig. 85) so-

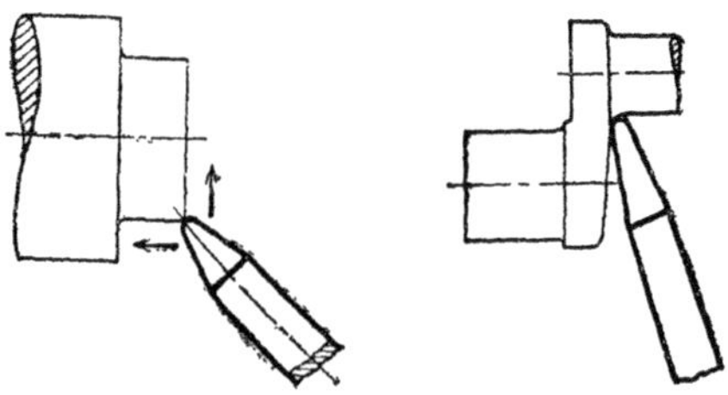

Fig. 89 u. 90. Anwendung des Mittelschruppstahls.

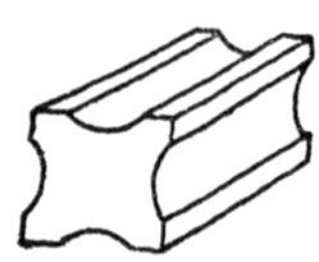

Fig. 91. Stahl zum Abdrehen von Hartgußwalzen.

gleich Schnittrichtung 2 folgt. Stähle Fig. 82 ÷ 84 finden besonders oft am Karussell Verwendung.

Der ganz gerade, sogenannte Kopfstahl (Fig. 86), der vorn an der Schneide nur etwas breiter geschmiedet ist, wird senkrecht zur Drehachse vorgeschoben wie ein Stechstahl (siehe Seite 21), um durch Einstechen Platz zu schaffen für einen gewöhnlichen Schruppstahl oder um Zapfen anzudrehen (Fig. 87).

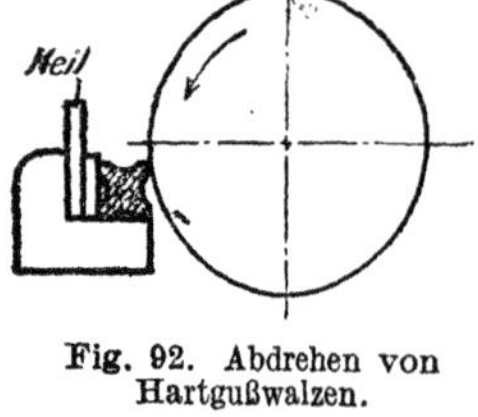

Fig. 92. Abdrehen von Hartgußwalzen.

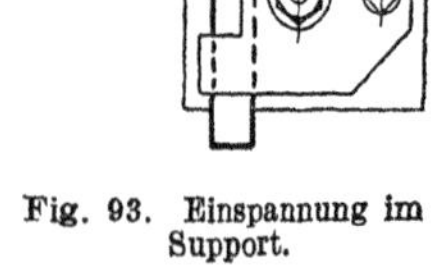

Fig. 93. Einspannung im Support.

Sehr vielseitig verwendbar, leicht herzustellen und instandzuhalten ist der Stahl Fig. 88 mit symmetrischer, gerundeter Schneide, wohl Mittelschruppstahl genannt. Für schwere Schruppleistungen ist er ebensowenig geeignet wie Stahl Fig. 84. Fig. 89 u. 90 zeigt seine Verwendbarkeit zum Abdrehen von Stirn- und Zylinderflächen und zum Ausdrehen von Rundungen, falls er unter etwa 45° schräg gestellt werden kann. Die ungewöhnliche Form des Stahles Fig. 91 hat sich zum Abdrehen von Hartgußwalzen bewährt (Fig. 92). Es ist ein 100 mm langes Stück, auf der ganzen Linie gehärtet und geschliffen, in den Seitenflächen halbrunde Nuten, sonst quadratisch, so daß die 4 Schneidkanten Winkel von je 90° haben. Die Kante schneidet auf der ganzen Länge, bei Zustellung senkrecht zur Achse, bis ein entsprechend breiter Streifen der Arbeitsfläche fertig ist; dann wird der Stahl 100 mm seitlich verschoben, schneidet einen zweiten Streifen usw.

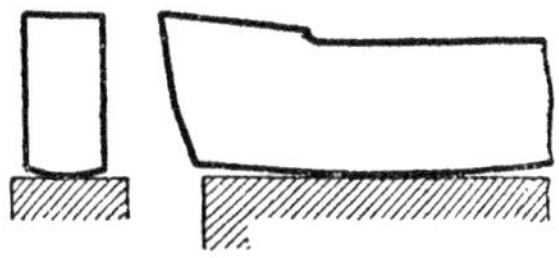

Fig. 94 u. 95. Stahl mit krummer Auflagefläche.

Lage des Stahls im Support. Die zwei Bedingungen dafür, daß der Stahl im Support gut und richtig liegt, sind:

1. der Stahl muß fest liegen
2. der Stahl muß möglichst wenig über den Support hinüberragen, also l (Fig. 93) möglichst klein sein.

Die erste Forderung muß erfüllt sein, weil nichts die Sauberkeit der Arbeitsfläche und die Schärfe der Schneide mehr schädigt als ein lose sitzender Stahl. — Zum Festliegen gehört zunächst, daß der Stahl recht kräftig gespannt wird; doch das genügt nicht: die auf dem Support aufliegende Unterfläche, die Stahlauflagefläche, muß eben sein, damit der Stahl sicher liegt. Das ist auch für eine gute Wärmeableitung nötig, von der schon oben die Rede war. Da die meisten Stähle aus fertiggewalztem schwarzen Material hergestellt werden, das meist nicht sehr sauber und gerade ist, so ist es nötig, die Auflagefläche daraufhin besonders anzusehen und, wenn erforderlich, durch Hobeln oder wenigstens Schleifen zu ebnen. Fig. 94 u. 95 zeigen die schlechte Auflage infolge einer rundlichen Fläche. Eine derartige Auflagefläche oder auch das Hohlliegen sind bei Schnellstahl nicht selten die Veranlassung, daß der Schaft unter der Einspannschraube bricht.

Über die Gründe der zweiten Forderung, daß der Stahl recht kurz gespannt sein soll, ist Seite 18 schon gesprochen; es sind: die Biegungsbeanspruchung und das Federn des Stahles. Andererseits darf allerdings der Stahl auch nicht so kurz gespannt werden, daß zwischen Schnittstelle und Einspannung nicht genügend Raum für die Späne bleibt. Erfordert die Arbeit in Ausnahmefällen, wie beim Drehen von Kurbelwellen, durchaus ein weites Vorkragen der Schneide über den Support hinaus, so ist für genügende Unterstützung zu sorgen, sei es durch Verwendung sehr starker Halter (siehe weiter unten), sei es durch eine Anordnung wie in Fig. 96, bei der der Schneidkopf gegen den Support abgestützt ist.

Richtung des Stahls. Die normale Richtung des Stahles beim Langdrehen ist: Schaft senkrecht zur Achse; beim Plandrehen: Schaft parallel zur Achse oder für Seitenstähle: senkrecht zur Achse.

Nicht selten aber sind die Fälle, in denen der Schaft schräg gelegt wird. Die schräge Lage gestattet, wie in Fig. 89 u. 90, einen Stahl in derselben Einspannung vielseitiger zu verwenden; besonders aber ist sie ein Mittel, um die schräg zum Schaft stehende Schneide und den gekröpften Schneidkopf bis zu einem gewissen Grade durch den einfachen geraden Stahl zu ersetzen. Fig. 97 u. 98 zeigen das an Beispiel und Gegenbeispiel. Ferner ist Fig. 59 das Gegenbeispiel zu Fig. 63 ÷ 65;

Fig. 89 zu Fig. 81 und Fig. 99 zu Fig. 87. Fig. 100 illustriert weiter die vielseitige Verwendbarkeit des schräg stehenden, einfachen geraden Stahles.

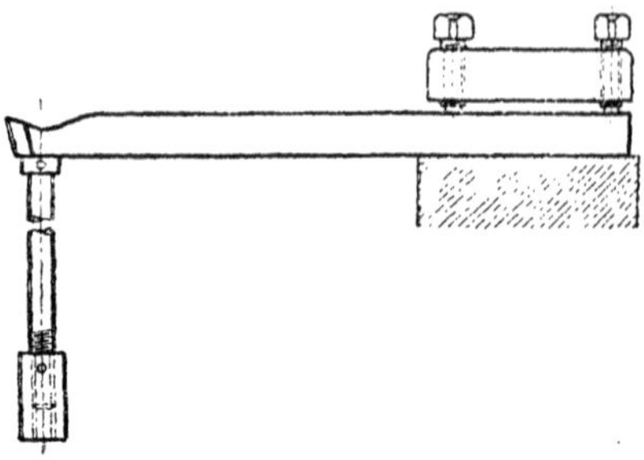

Fig. 96. Weit vorragender Stahl mit Stütze.

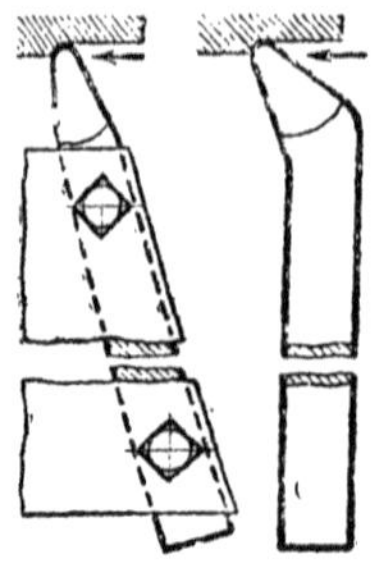

Fig. 97 u. 98. Gerader schrägstehender und gekröpfter Stahl.

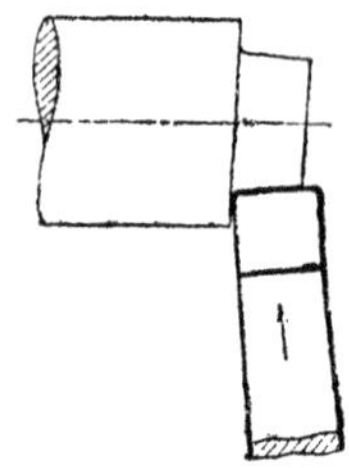

Fig. 99. Zapfen drehen mit schrägem Stahl.

Wenn der schräg stehende gerade Stahl den vorgekröpften Schruppstahl ersetzt (Fig. 59), wird er noch mehr als dieser beim Durchfedern oder beim Drehen in der Einspannung sich in die Arbeitsfläche hineinbewegen. Damit das nicht in unzulässigem Maße geschieht, ist es nötig, dem Stahl genügend starken Querschnitt zu geben und ihn recht kurz und fest einzuspannen.

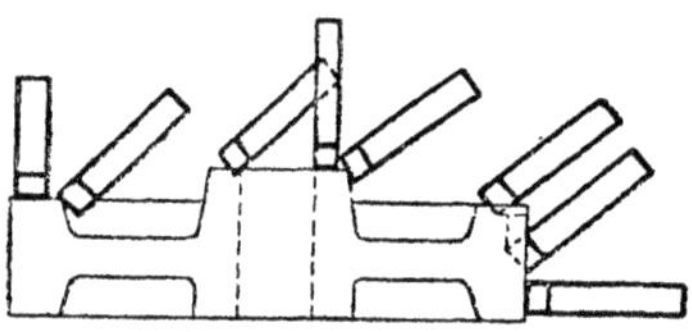

Fig. 100. Vielseitige Verwendbarkeit des einfachen geraden Stahles.

Häufig sind zum sicheren Spannen des schräg stehenden Stahles besondere Maßnahmen nötig, auf die hier jedoch nicht eingegangen werden kann.

3. Schlichtstähle.

Die Aufgabe der Schlichtstähle ist es, nach dem Schruppen eine saubere Arbeitsfläche herzustellen von genau der verlangten Form. Sie haben nur eine geringe Menge Material zu entfernen, also auch nur eine kleine Zerspannungsarbeit zu leisten, so daß Kraftverbrauch und Erwärmung nur eine geringe Rolle spielen. Seit in den letzten zwei Jahrzehnten das Rundschleifen besonders zylindrischer und konischer Flächen immer mehr üblich geworden ist, haben die Schlichtstähle viel an Bedeutung verloren.

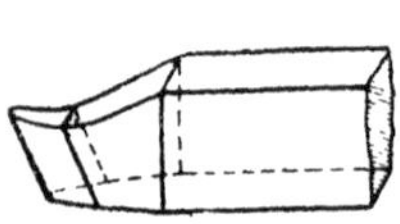

Fig. 101. Schlichtstahl für kleinen Vorschub.

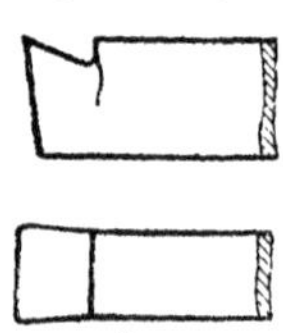

Fig. 102 u. 103. Stahl zum Breitschlichten.

Form der Schneide. Um ihre Aufgabe erfüllen zu können, müssen die Schlichtstähle stets ein Stück Schneidkante parallel zur Arbeitsfläche haben, das länger ist als der Vorschub, damit das in Fig. 59 ÷ 61 angedeutete „Gewinde" nicht entsteht. Für kleinen Vorschub eignet sich der Stahl Fig. 101, für großen Vorschub (Breitschlichten) der Stahl Fig. 102 u. 103.

Der Brustwinkel der Schlichtstähle, besonders der seitliche (in

Vorschubrichtung), ist meist kleiner als bei Schruppstählen und ebenso kann der Rücken- bzw. Anstellwinkel kleiner sein. Manchmal muß er sogar, um ein ruhiges Arbeiten und eine saubere Arbeitsfläche zu geben, gleich Null sein, weil dann die Rückenfläche gut von der Arbeitsfläche gestützt wird. Fig. 104 ist ein für das Breitschlichten von Guß bewährter Stahl. Die Rückenfläche geht zuerst ein ganz kurzes Stück senkrecht, d. i. ohne Rückenwinkel, dann auf eine Strecke unter dem eigentlichen Rückenwinkel von 3°, um sich schließlich kräftig nach hinten zu neigen, zum Erleichtern des Anschleifens.

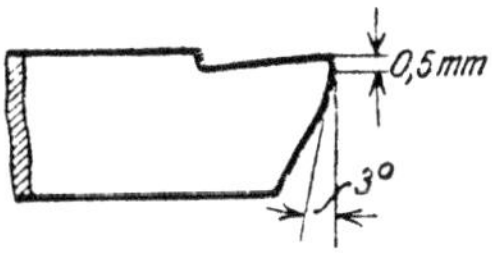

Fig. 104. Stahl zum Breitschlichten von Guß.

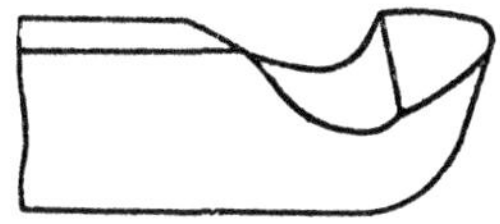

Fig. 105. Stahl zum Schruppen und Schlichten.

Eine Anzahl von Stahlformen eignet sich zum Schruppen und Schlichten, so der Stahl Fig. 105. Die Schruppstähle mit gerader Schneidkante können zum Schlichten dienen, wenn die Spitze stärker gerundet wird: zweckmäßig ist es dann, der Kante des Schlichtstahles einen sehr geringen Neigungswinkel zu geben (Fig. 106 u. 107).

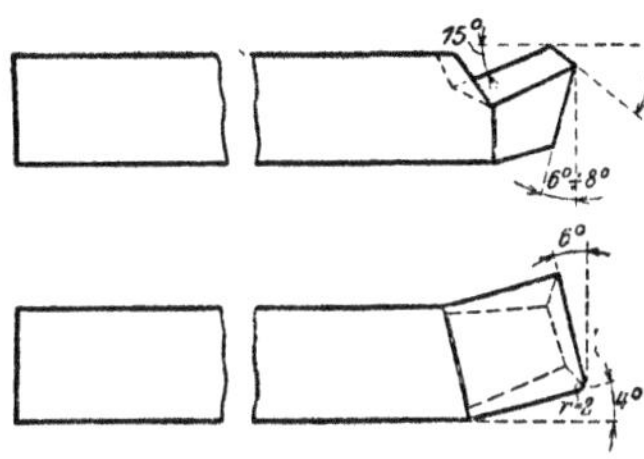

Fig. 106 u. 107. Schlichtstahl mit schräger Schneide.

Federstähle. Die größte Gefahr beim Schlichten ist das „Haken" des Stahls, das ist das Einschneiden in die Arbeitsfläche durch Vorbewegen der Schneide. Ein solches Vorbewegen in die Arbeitsfläche kann leicht eintreten durch Änderung des

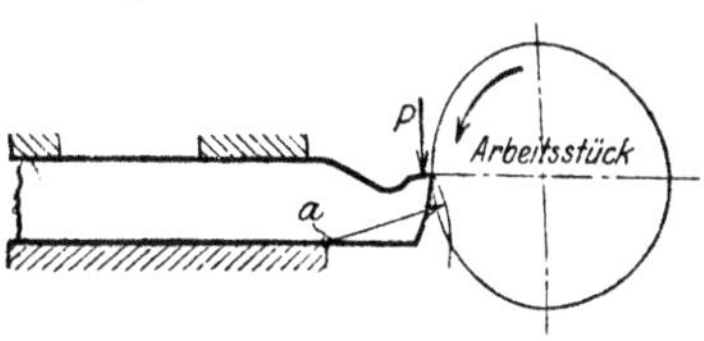

Fig. 108. Haken des Stahles.

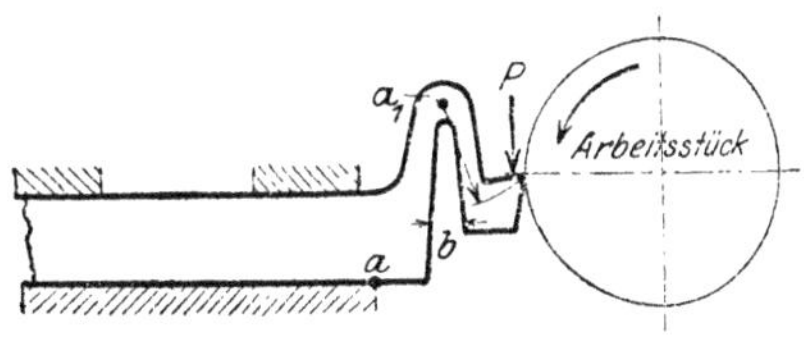

Fig. 109. Federnder Schlichtstahl.

Schnittdruckes infolge einer harten Stelle, einer größeren Materialzugabe od. dgl. Es erklärt sich dadurch, daß die Schneide bei einem stärkeren Druck sich in einem Kreisbogen um den Punkt a (Fig. 108) nach unten bewegt. Unbedingt vermieden wird das Einhaken durch den Federstahl, auch Gänsehals genannt (Fig. 109), weil bei diesem Stahl der Drehpunkt für das federnde Nachgeben der Schneide nicht bei a, sondern bei a_1 liegt und deshalb, wie der Kreisbogen zeigt, die Schneide von der Arbeitsfläche weggeführt wird.

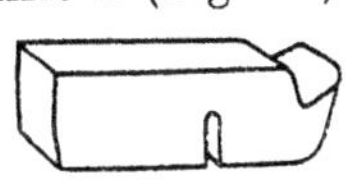

Fig. 110. Einfacher Federstahl.

Diese Stähle werden sehr viel mit bestem Erfolg benutzt, auch da, wo es gilt, die geringsten Unebenheiten fortzunehmen (z. B. Lagerstellen für Wellen). Sie haben auch Nachteile: sie verlangen viel

Schmiedearbeit, sie versperren dem Dreher ein wenig den Ausblick auf die Arbeitsfläche, und die Größe der Federung läßt sich nur schwer dem wechselnden Bedarf anpassen (durch Zwischenklemmen von Leder od. dgl. bei *b*). Die ersten beiden Nachteile vermeidet die einfachere, wenn auch weniger vollkommene Ausführung Fig. 110.

Stellung und Anwendung der Schlichtstähle. Schlichtstähle stehen meist in Achsenhöhe. Für kegelförmige Flächen ist das unerläßlich, weil die Fläche sonst ein gekrümmtes (hyperbolisches) Profil bekommt. Nur beim Schlichten langer und dünner zylindrischer Teile ohne mitgehende Brille stellt man den Stahl wohl etwas über Mitte (siehe Seite 21).

Schlichtstähle müssen immer gut scharf gehalten werden. Sauberste Arbeitsflächen erzielt man aber, wenigstens bei schmiedbarem Eisen, nur durch Benutzung von Schneidöl (Rüböl, Schmalzöl, verseiftes Öl), Terpentin, Seifenwasser od. dgl.

4. Seitenstähle.

Alle Schrupp- und Schlichtstähle, die zum Langdrehen dienen, können, um 90° gedreht, also mit dem Schaft parallel zur Drehachse eingespannt, zum Plandrehen benutzt werden (Fig. 53). Ist die plan zu drehende (hochzuziehende) Fläche nur schmal oder liegt sie, wie bei Bunden, Ansätzen, Stirnflächen von Wellen, nicht völlig frei, so werden Seitenstähle benutzt, die ebenso wie die Stähle zum Langdrehen mit dem Schaft senkrecht zur Achse stehen, aber auch senkrecht zur Achse vorgeschoben werden

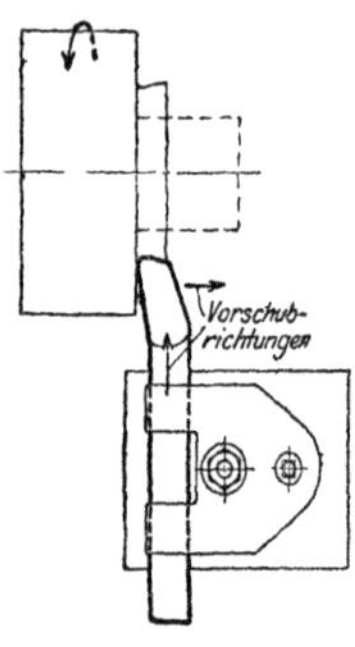

Fig. 111. Arbeit des Seitenstahls.

Fig. 112. Leichter Seitenstahl.

Der Seitenstahl Fig. 82 ÷ 84 dient zum Schruppen in der Weise der Fig. 111. Für die gleiche Arbeit kann der vorgekröpfte Schruppstahl benutzt werden (siehe Fig. 68); er ist dafür sogar besser geeignet, insofern erstens die nach vorn geneigte Schneide ein Moment gibt, das die

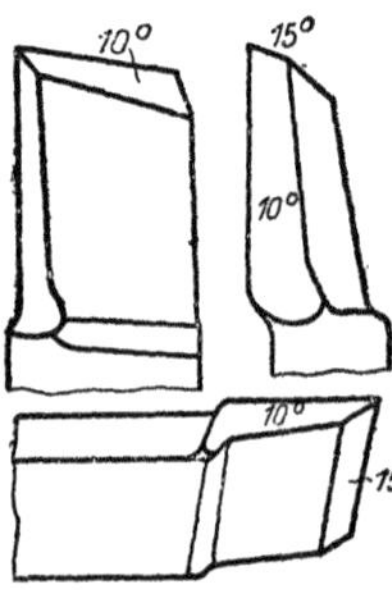

Fig. 113 ÷ 115. Seitenschlichtstahl.

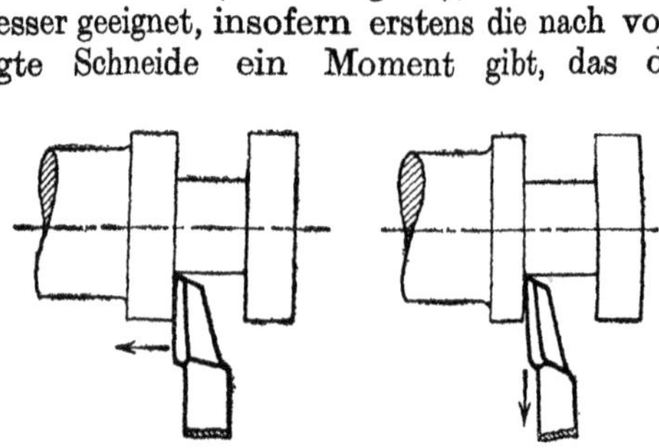

Fig. 116 u. 117. Anwendung des Seitenschlichtstahls.

Gefahr des Einhakens mindert, während umgekehrt der Stahl in Fig. 111 diese Gefahr vermehrt, und weil zweitens der größere

Winkel an der schneidenden Ecke den Spanabfluß erleichtert und die Wärme besser abführt. Aber der Seitenstahl kann besser in die Ecke drehen und kann an die Planfläche gleich eine senkrecht ansetzende Zylinderfläche andrehen (in Fig. 111 gestrichelt). Fig. 112 ist ein leichter Seitenstahl zum Nachdrehen. Fig. 113 ist ein Seitenschlichtstahl. Der Kopf ist seitlich vorgekröpft, um die Kante, die parallel zum Schaft ist, vor den Schaft zu bringen; die Brustfläche ist schmal, um das Schleifen zu erleichtern, und die Rückenfläche schräg. Um eine schmale Fläche nachzudrehen, kann der Stahl parallel zur Achse vorgeschoben werden (Fig. 116); seine eigentliche Aufgabe aber ist, senkrecht zur Achse zu drehen (Fig. 117). Dann ist für die Geradlinigkeit der Fläche nicht die Form und Stellung der Schneide bestimmend, sondern die Schlittenführung des Supports. Sauber wird die Fläche dadurch, daß die Schneide ein klein wenig gegen die Fläche geneigt und von innen nach außen vorgezogen wird.

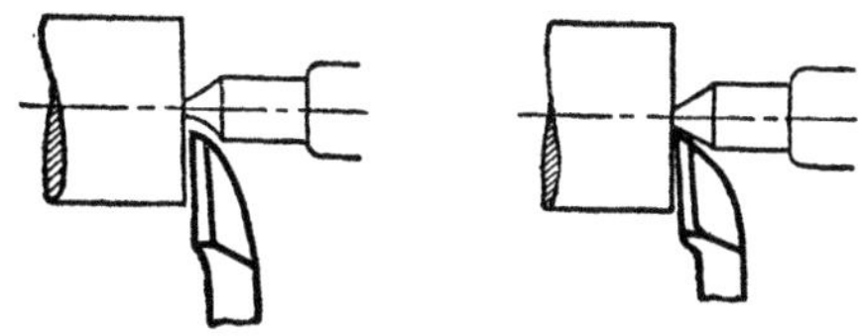
Fig. 118 u. 119. Hochziehen bis an Körnerspitze.

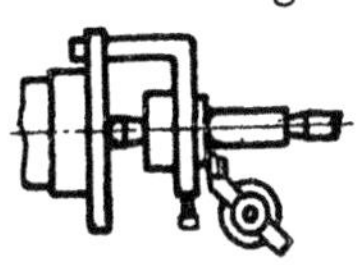
Fig. 120. Hochziehen mit gekröpftem Seitenstahl.

Will man Stirnflächen bis zum Körner hochziehen, so gibt man dem Stahl an der Spitze einen Winkel, der es gestattet, bis unmittelbar an die Körnerspitze heranzukommen (Fig. 119), oder man benutzt eine ausgefräste Körnerspitze (Fig. 118).

Außer gewöhnlichen rechten und linken Seitenstählen hat man auch gekröpfte für Flächen nahe der Einspannung usw. (Fig. 120).

Für Planflächen von größerem Durchmesser verbietet sich diese Art des Drehens ganz von selbst dadurch, daß der Stahl zu weit über die Auflagefläche überstehen müßte.

5. Stechstähle.

Art und Form der Stechstähle. Stechstähle dienen dazu, um senkrecht zur Drehachse einen Teil des Arbeitsstückes abzuschneiden: „Abstechstähle“ (Fig. 121 ÷ 123), oder um eine Ringnut einzustechen: „Einstechstähle“ (Fig. 54 u. 55), oder um parallel zur Achse (besonders an Senkrechtbohrwerken) eine Nut einzustechen bzw. einen Zylinder

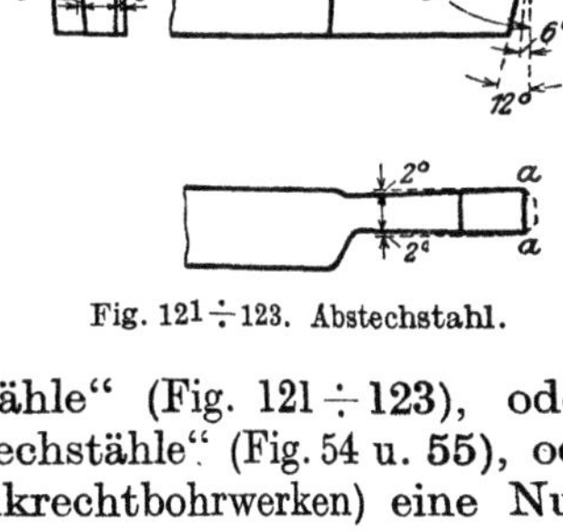

Fig. 121 ÷ 123. Abstechstahl.

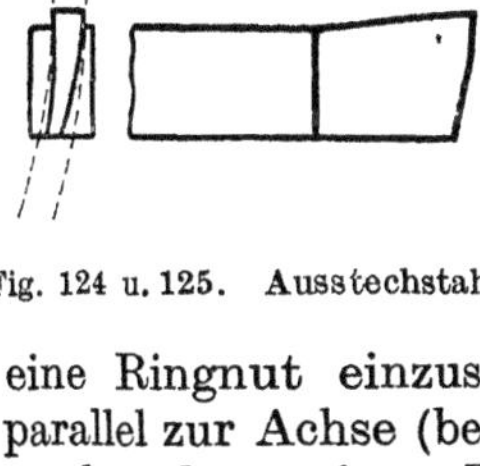
Fig. 124 u. 125. Ausstechstahl.

auszustechen: „Ausstechstähle“ (Fig. 124 u. 125). Die Konstruktion ist im wesentlichen immer die gleiche. Von der Schneidkante *aa* (Fig. 121) werden die Stähle nach hinten und unten ein wenig schwächer, damit die Schneide freigeht, der Stahl nicht klemmt. Der Neigungswinkel der seitlichen Flächen beträgt nach hinten hin meist 1 ÷ 2°, nach unten 2 ÷ 4°. Der Rückenwinkel an der Stirnfläche ist 5 ÷ 8°, der Schnittwinkel für Eisen und Stahl meist ziemlich groß: 80 ÷ 90°, für weiches Messing zuweilen noch größer, für Kupfer und Aluminium 60 ÷ 70°.

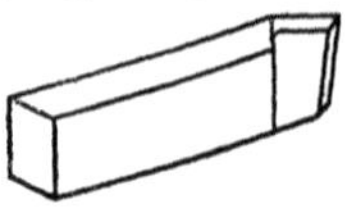

Fig. 126. Gekröpfter Stechstahl.

Bei den Einstechstählen richten sich Breite und Form der Schneide nach der Nut. Bei den Abstechstählen ist die Breite so gering, wie es die Starrheit des Stahls gestattet, damit möglichst wenig Material zerspant wird. Häufig wird bei den Stechstählen, wie auch in Fig. 121 ÷ 125, der Schneidkopf flach ausgeschmiedet, damit er von vornherein recht hoch ist und öfters geschliffen werden kann, ohne zu schwach zu werden. Bei den breiteren Stählen ist die Schneide wohl dachförmig gebildet, mit abgeflachter oder runder Spitze, wie in Fig. 123 gestrichelt angegeben, damit die Ecken *a—a* länger stehen und der Stahl richtiger arbeitet. Der Ausstechstahl muß mit seinem Querschnitt in die Ringnut hineinpassen und ist daher von der Brustfläche aus gebogen.

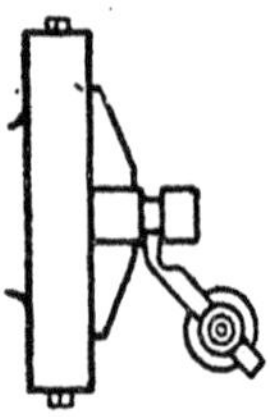

Fig. 127. Abstechen mit gekröpftem Stahl.

Wenn nötig, werden seitwärts gekröpfte Stechstähle benutzt (Fig. 126 u. 127).

Der Stechstahl Fig. 128 ÷ 130 für das Senkrecht-Bohrwerk ist nach hinten gekröpft, damit er weniger leicht einhakt. (Näheres darüber s. Seite 70.)

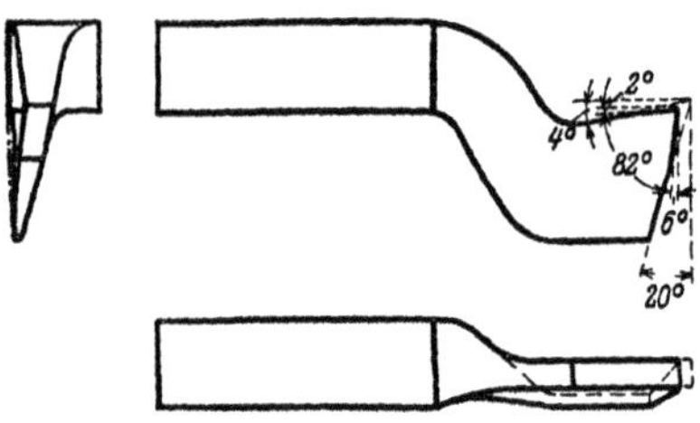

Fig. 128 ÷ 130. Stechstahl für Senkrecht-Bohrwerk.

Stellung der Stechstähle. Ein- und Abstechstähle werden fast immer auf Mitte gestellt. Für Abstechstähle ist das durchaus unerläßlich, weil sonst in der Mitte ein stärkerer Zapfen stehenbleiben würde, dessen Halbmesser gleich der Unterhöhung ist, wenn der Stahl tiefer steht, dessen Halbmesser etwas größer ist als die Überhöhung, falls der Stahl höher steht (Fig. 131). Im letzten Fall liegt die Gefahr vor, daß die Schneide beschädigt wird, wenn man den Stahl weiter vorschiebt, als der Zapfen zuläßt.

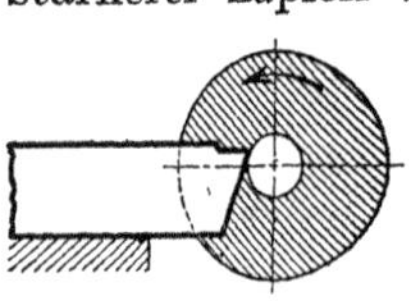

Fig. 131. Falsche Stellung des Abstechstahls.

6. Formstähle.

Wenn die Schneidkante eine besondere Form hat, die auf das Arbeitsstück übertragen werden soll, so spricht man von Formstählen. Diese Stähle arbeiten wie die Stechstähle, insofern sie meist senkrecht zur Achse zu gestellt werden.

Die wichtigsten allgemeinen Formstähle. Es sind für die Drehbank: die Hohlkehlstähle (Fig. 132 ÷ 135), die Radiusstähle (Fig. 136 ÷ 139) und die Gewindestähle, die im nächsten Kapitel für sich behandelt

Fig. 132 u. 133. Hohlkehlstahl.

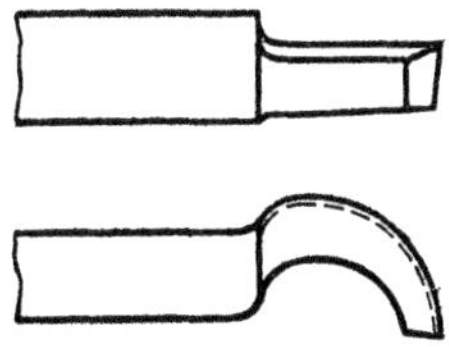

Fig. 134 u. 135. Hohlkehlstahl.

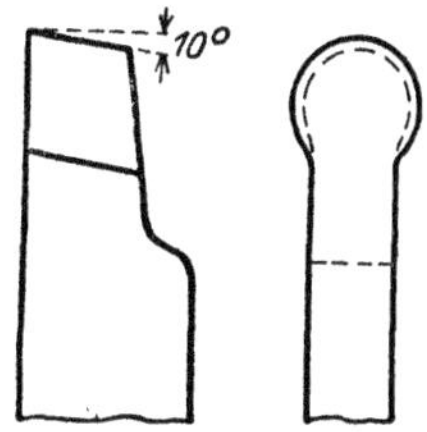

Fig. 136 u. 137. Radiusstahl.

werden. Es kommen im besonderen natürlich auch viele andere Formen vor (Fig. 140 u. 141: Stahl zum Vordrehen von Zahnformfräsern). Sehr

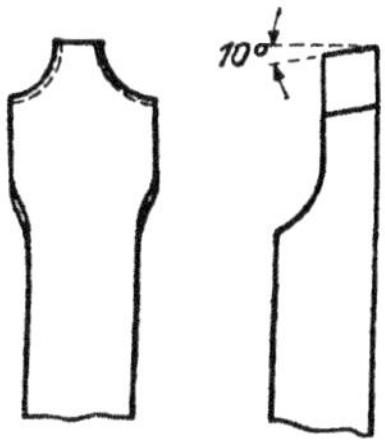

Fig. 138 u. 139. Radius-Doppelstahl.

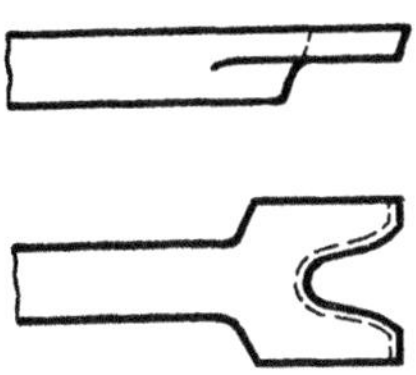

Fig. 140 u. 141. Stahl zum Vordrehen von Zahnformfräsern.

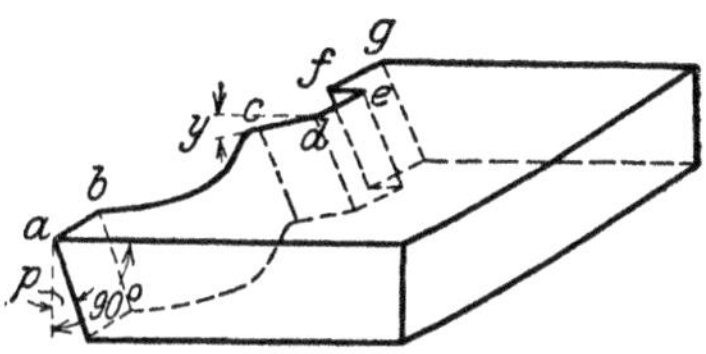

Fig. 142. Flaches Formmesser.

viel werden Formstähle mit allen nur möglichen Formen an der Hinterdrehbank und besonders an der Revolverbank benutzt.

Gestalt der Formstähle. Sie ist sehr verschieden. Sind die Stähle unmittelbar im Support eingespannt, haben sie entweder einen Schaft (Fig. 132 ÷ 141), oder sie werden, und zwar die breiteren meist, als Flachmesser ausgeführt (Fig. 142). Werden die Stähle mittels besonderer Halter (siehe weiter unten) benutzt, so werden sie als Rundstähle (Fig. 143) oder als gerade prismatische Stähle (Fig. 144) ausgebildet. Diese zwei letzten Ausführungsarten überwiegen, weil sie für Revolverbänke die üblichen sind. Die Rundstähle werden meist für schmale und mittelbreite Teile genommen, da sie sich bequem auf der Drehbank herstellen lassen, bei langer Rückenfläche nur geringe Höhe haben und gut (wie hinterdrehte Fräser) aus mehreren Stücken zusammengesetzt werden können. Die geraden prismatischen Stähle werden für alle Breiten benutzt, weil sie ohne Schwierigkeit sicher befestigt werden können.

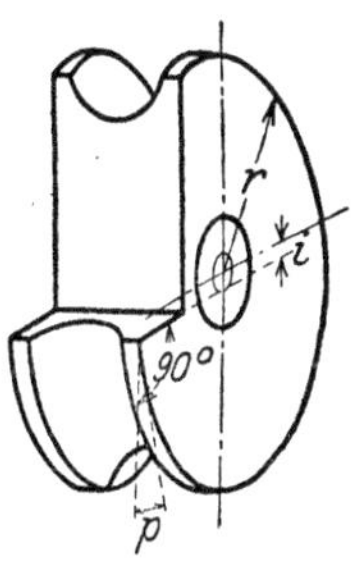

Fig. 143. Runder Formstahl für Halter.

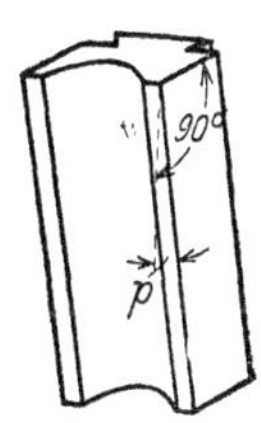

Fig. 144. Gerader prismatischer Formstahl für Halter.

Die Formstähle mit Schaft werden aus den früher angegebenen Gründen auch federnd, als Gänsehälse, ausgeführt.

Konstruktion der Formstähle. Alle Formstähle, die ein genau bestimmtes Profil haben und übertragen müssen (was bei Hohlkehl- und Radiusstählen oft nicht der Fall ist), werden so konstruiert, daß sie nur an der Brustfläche geschliffen werden und dabei ihr Profil nicht ändern, so daß sie bis zuletzt die richtige Form schneiden.

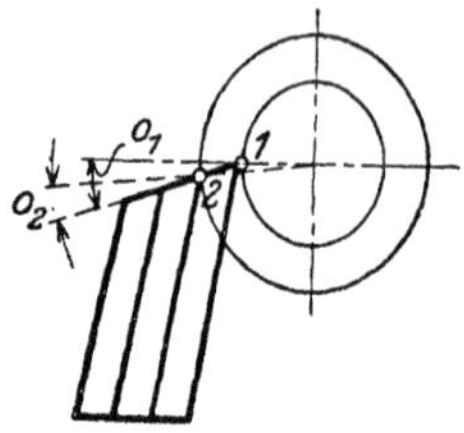

Fig. 145. Formstahl mit Brustwinkel.

Brustwinkel. Für das Bearbeiten von Eisen und Stahl ist der Brustwinkel stets klein, meist sogar = 0, der Schnittwinkel also 90° (Fig. 142 ÷ 144), da diese Stähle erfahrungsgemäß sonst unruhig und unsauber schneiden. Für Kupfer, Stangenmessing und ähnliche Legierungen geht man dagegen mit dem Brustwinkel bis auf 40°.

Sobald der Brustwinkel > 0 ist (Fig. 145), hat das zugleich die Wirkung, daß seine Größe an den verschiedenen Stellen der Schneidkante verschieden wird: sie wird am größten, $= 0_1$, an der vordersten Stelle der Kante bei 1, die den kleinsten Durchmesser der Arbeitsfläche dreht, am kleinsten, $= 0_2$, an der tiefsten Stelle bei 2, die den größten Durchmesser dreht. Von merkbarem Einfluß ist diese Tatsache jedoch nur, wenn das Profil sehr tief und zugleich der Durchmesser des Arbeitsstückes verhältnismäßig klein ist.

Zahlentafel 3.
Größe der Rückenwinkel bei Rundstählen.

r mm	*i* mm	*p*°
15	1	3° 50′
	2	7° 40′
	4	15° 30′
20	1	2° 50′
	2	5° 50′
	4	11° 40′
25	2	4° 40′
	4	9° 20′
	6	14°
30	2	3° 50′
	4	7° 40′
	6	11° 40′
35	4	6° 30′
	6	10°
	8	13° 10′

Rückenwinkel. Der vordere Rückenwinkel (*p*, Fig. 142 ÷ 144) schwankt zwischen 3 und 15°; nur für Hinterdrehstähle wird er 25 bis 35° genommen, da hier der Anstellwinkel durch die starke Neigung der zu hinterdrehenden Fläche um 10 ÷ 20° verkleinert wird. Der Rückenwinkel wird bei allen geraden Formstählen dadurch erzielt, daß die Rückenfläche von vornherein unter dem vorgeschriebenen Winkel gearbeitet wird, bei den runden Stählen dagegen dadurch, daß die Brustfläche nicht nach dem Mittelpunkt hin, sondern tangential an einen kleinen Kreis vom Halbmesser *i* geschliffen wird (Fig. 143). Daraus ergibt sich ein Rückenwinkel *p*, dessen Größe zu bestimmen ist aus der Gleichung: $\sin p = \frac{i}{r}$, wenn *r* der Halbmesser des Rundstahles ist.

Die Zahlentafel 3 gibt für verschiedene Werte von *i* und *r* die Größe von *p* an.

Stellt man nun beim Schneiden die Achse des Rundstahls um *i* über die Drehachse, so daß die Schneidkante gerade auf Mitte steht, so ergibt sich ein Anstellwinkel so groß wie der Rückenwinkel (abgesehen von der Neigung der Schnittfläche). Jedoch gilt folgende Einschränkung:

Aus dem Rückenwinkel p ergibt sich ein Anstellwinkel in der vollen Größe nur für die Kantenstücke der Schneide, die wie a–b, d–e, f–g (Fig. 142) parallel zur Drehachse liegen. Bei Kantenstücken dagegen, die schräg zur Achse liegen, wie c–d und der gekrümmte Teil b–c, erhalten die Rückenflächen, senkrecht zu ihrer Fläche gemessen, einen Rücken- und Anstellwinkel p_s, der um so mehr kleiner ist als p, je kleiner der Winkel y ist (Fig. 142, 146 ÷ 148). p_s kann aus p und y berechnet werden aus der Gleichung:

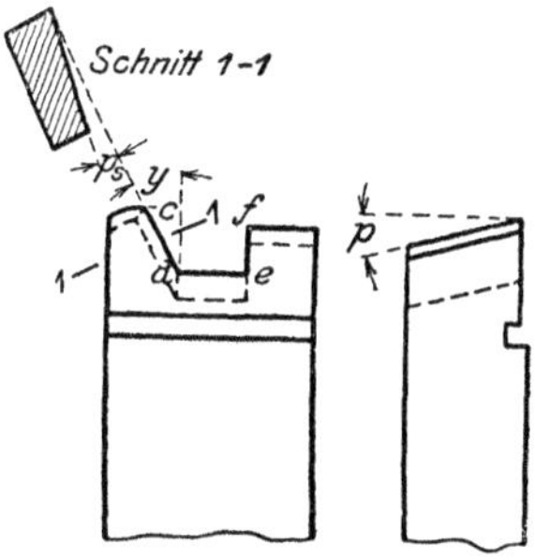

Fig. 146 ÷ 148. Seitlicher Anstellwinkel bei Formschneiden.

$$\operatorname{tg} p_s = \operatorname{tg} p \cdot \sin y . \qquad (3)$$

Aus alledem folgt nun: Damit ein Formstahl auch an den schrägen Kanten einen genügenden (seitlichen) Rücken- und Anstellwinkel p_s erhält, muß der (vordere) Rückenwinkel p größer genommen werden, als für die parallelen Kanten nötig wäre, um so größer, je kleiner bei einem Kantenstück der Winkel y ist, je mehr das Kantenstück sich also der senkrechten Lage zur Achse nähert.

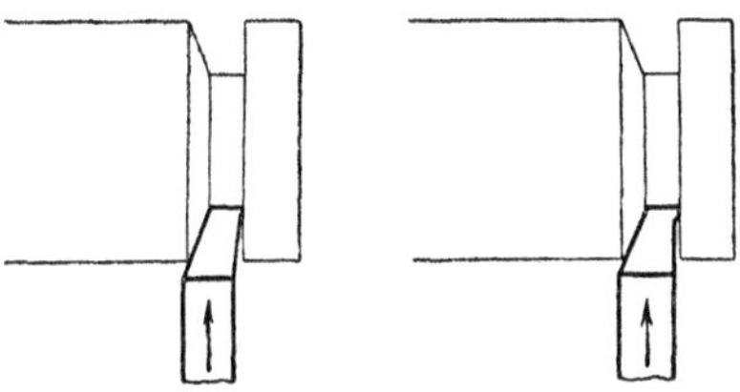
Fig. 149 u. 150. Formstahl mit abgesetzter senkrechter Schneide.

Bei Kantenstücken, die senkrecht zur Achse stehen, wie e–f (Fig. 142 u. 146), bleibt unter allen Umständen die Rückenfläche ohne Rücken- und Anstellwinkel. Infolgedessen können solche Kanten nicht frei schneiden, sondern drücken; man sucht sie möglichst zu vermeiden bzw. läßt von ihnen nur das vorderste Stück stehen, wie in Fig. 149 u. 150. Das Drücken kann völlig beseitigt werden durch geringes seitliches Hinterarbeiten der betreffenden Rückenfläche, doch ist damit auch eine leichte Profilverzerrung beim Nachschleifen verbunden. So würde in Fig. 146 durch Hinterarbeiten der Rückenfläche des Kantenstückes e–f beim Nachschleifen das Kantenstück d–e länger werden. Die Verzerrung läßt sich allerdings wieder ausgleichen, wenn der Stahl aus mehreren Teilen hergestellt wird, die nach dem Schleifen jedesmal ein wenig zusammen- oder auseinandergeschoben werden, ähnlich wie es bei geteilten, schräg hinterdrehten Fräsern geschieht.

Auf die Wahl der Größe des Anstellwinkels ist auch der Durchmesser des Arbeitsstückes und bei Rundstählen der Durchmesser des Stahls von Einfluß: der Ansstellwinkel muß verhältnismäßig um so größer sein, je größer diese Durchmesser sind. Bei den Rundstählen wird wie der Brustwinkel, so auch der Rückenwinkel an den verschieden tiefen Stellen der Schneidkante verschieden (p u. p_1 Fig. 151). Im allgemeinen genügt es für die Berechnung, in obiger Gleichung den Radius r_m der Mitte der Profilform einzusetzen.

Konstruktion der Profilform. Das vorgeschriebene Profil, das die

Arbeitsfläche bekommen soll, muß der Stahl, wenn sein Brustwinkel $= 0$ ist, in der Brustfläche haben. Daraus folgt, daß er senkrecht zur Rückenfläche, also in der Ebene 1–1 (Fig. 151) ein anderes, verzerrtes Profil haben muß. Dieses verzerrte Profil ist darum so wichtig, weil es dasjenige ist, das in den Stahl eingearbeitet wird, während sich das richtige in der Brustfläche dann von selbst ergibt. Nur wenn der Anstellwinkel klein ist, etwa bis 5°, und geringe Abweichungen keine Rolle spielen, kann statt des verzerrten das vorgeschriebene Profil unmittelbar eingearbeitet werden.

Beim Rundstahl kann man das verzerrte Profil dadurch in den Stahl bekommen, daß man zum Nachdrehen den erzeugenden Formdrehstahl um i unter Mitte stellt (Auskurbeln s. nächste Seite).

Für größere Profile stets anwendbar ist ein anderes, allgemeines Verfahren, nach dem man das verzerrte Profil zunächst auf dem Papier entwirft und dann in der üblichen Weise, mit Hilfe von Stählen, Lehren

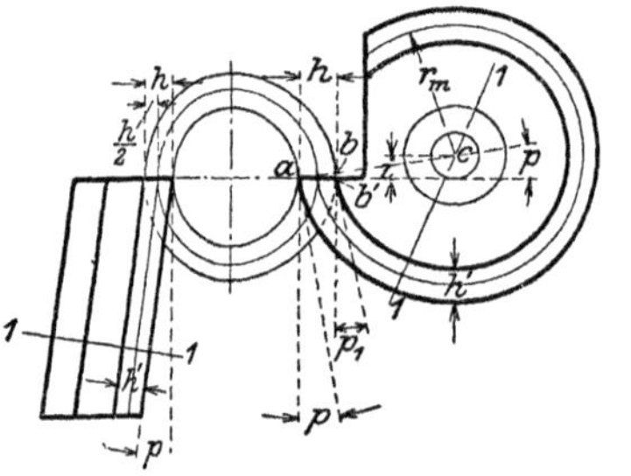

Fig. 151. Runder und gerader Formstahl.

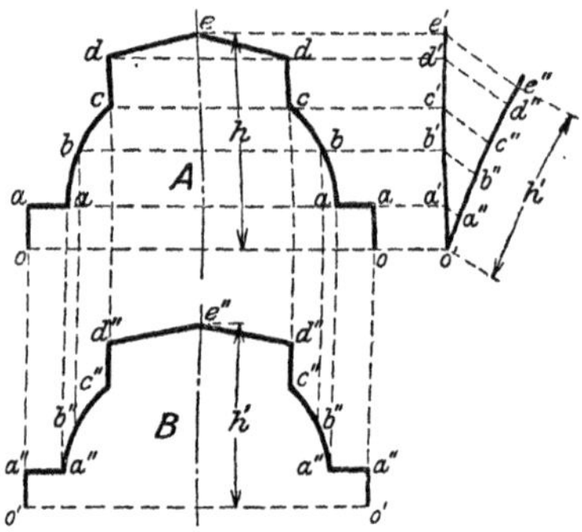

Fig. 152. Konstruktion des korrigierten Profils.

usw., in den Stahl einarbeitet. Der Entwurf des verzerrten oder korrigierten Profils ist zeichnerisch leicht durchzuführen, solange der Brustwinkel $= 0$ bleibt. Bezeichnet h (Fig. 151) die größte Tiefe des richtigen Profils und h' des korrigierten und ist der Rückenwinkel p gegeben, so kann für den geraden Stahl h' ohne weiteres aus der Fig. 151 entnommen werden. Zu berechnen ist h' aus der Gleichung:

$$h' = h \cos p\,.$$

Für den runden Stahl ist die rechnerische Ermittlung weniger einfach; es ist:

$$h' = \sqrt{\left(\sqrt{r^2 - i^2} - h^2\right) + i^2}\,.$$

Die zeichnerische Ermittlung ist dagegen auch für Rundstähle sehr einfach: man zieht (Fig. 151) von Punkt a unter Winkel p den Halbmesser ac und schlägt um c die Kreise durch a und b. Der radiale Abstand a–b' ist $= h'$.

Sobald h' bekannt ist, findet man alle anderen Punkte bzw. Strecken des korrigierten Profils, auch für beliebige Kurven, sehr einfach zeichnerisch, wenn man berücksichtigt, daß alle Höhen im korrigierten Profil sich im Verhältnis von $h : h'$ verkleinern. Man kann bei der Aufzeichnung folgendermaßen verfahren: Ist A (Fig. 152) das richtige Profil, so projiziert man alle Eck- und beliebig viele Kurvenpunkte auf die Senkrechte durch o', so daß $o'e' = p$ ist. Zieht man dann durch o' eine schräge Grade und trägt auf ihr $h' = o' \cdot e''$ ab, verbindet e' mit e'' und zieht durch $d'\ c'\ b'\ a'$ Parallele zu $e'-e''$, so sind die auf der Schrägen abgeschnittenen Strecken $o'\,a''$ $o'\,b''$ $o'\,c''$ $o'\,d''$ $o'\,e''$ die gesuchten korrigierten Höhen.

Da die Breiten im korrigierten Profil B ungeändert bleiben, so kann man dieses jetzt folgendermaßen aufzeichnen: man zieht aus den Ecken und Punkten des wirklichen Profils A Lote nach unten und trägt auf diesen von einer Wagerechten aus die entsprechenden korrigierten Höhen ab.

Nicht so einfach ist die Konstruktion des korrigierten Profils, wenn der Brustwinkel > 0 ist. Näheres darüber findet sich in der Werkstattstechnik 1916, S. 96.

Dem zeichnerischen Verfahren steht an Einfachheit nicht nach die Benutzung von Zahlentafeln, die durch Berechnung gefunden sind. Für runde Formstähle finden sich solche Tafeln, in der Werkstattstechnik 1917, S. 265.

Einfache Stähle zum Auskurbeln von Formflächen. Eine andere Art, Formflächen herzustellen, besteht darin, sie mit einem einfachen Stahl mit runder Schneide auszudrehen, indem man den Stahl gemäß der Formfläche parallel und senkrecht zur Drehachse verschiebt (Fig. 153). Dieses Ausarbeiten (Auskurbeln) ist dann üblich, wenn wegen geringer Zahl der Arbeitsstücke die Anfertigung eines Formstahles sich nicht lohnen würde oder wenn die Formfläche so ausgedehnt ist, daß der Formstahl zu breit würde. Hat die Formfläche nur flache Kurven, so genügt eine gerundete Schneidenform (Fig. 154), kommen hingegen schärfere Krümmungen vor, so muß die Schneide kreisbogenförmig nach Fig. 153 ausgebildet werden. Immer muß dabei der Halbmesser der Schneide kleiner sein als derjenige irgendeiner eingebogenen Krümmung der Arbeitsfläche, also $r < r_1 < r_2$.

Fig. 153. Auskurbeln von Formflächen.

In dieser Weise werden vielfach auch die runden Formstähle hergestellt. Damit sie dabei das korrigierte Profil bekommen, muß man die Lehre oder das als Lehre dienende Arbeitsstück um i unter die Drehachse halten.

Fig. 154. Stahl mit gerundeter Schneide zum Auskurbeln.

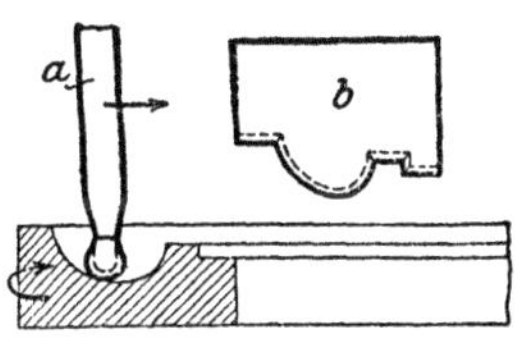

Fig. 155 u. 156. Vorkurbeln einer Formfläche mit a und Nachschlichten mit b.

Erfolgt, wie es bei Massenfabrikation stets der Fall ist, die Führung des Stahles halb oder ganz zwangläufig nach einer Leitkurve, so muß die Schneidkante genau ein Kreisbogen sein, da sich sonst Abweichungen im Profil ergeben. Profile mit scharf einspringenden Ecken können nach diesem Verfahren nicht hergestellt werden.

Manchmal, besonders bei tiefen Formflächen, die sehr genau oder sehr glatt sein müssen, wird zuerst mit dem einfachen Stahl ausgedreht, dann mit dem Formstahl nachgeschlichtet, wie in Fig. 155 u. 156. Ebenso werden große Hohlkehlen mit dem Stahl Fig. 154 vorgedreht, mit dem Stahl Fig. 134 u. 135 geschlichtet.

7. Gewindestähle.

Der großen Zahl der üblichen Gewindearten (S.-I., Whitworth, Sellers, Löwenherz, Trapezgewinde usw.) muß die Zahl der Schneidenformen der Gewindestähle entsprechen.

Stähle für Spitzgewinde. Die Konstruktion der Schneide gleicht für gewöhnlich (stets bei den später zu besprechenden Einsatzstählen) der Konstruktion der vorher besprochenen Formstähle: der Brustwinkel ist klein, meist $= 0$, der vordere Rückenwinkel ziemlich groß, $10 \div 15°$, damit auch seitlich an der Flanke ein genügender Rückenwinkel entsteht (Fig. $157 \div 159$).

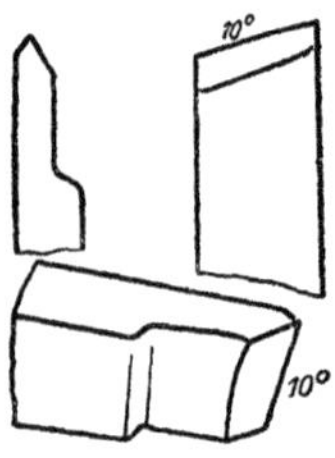

Fig. $157 \div 159$. Stahl für Spitzgewinde.

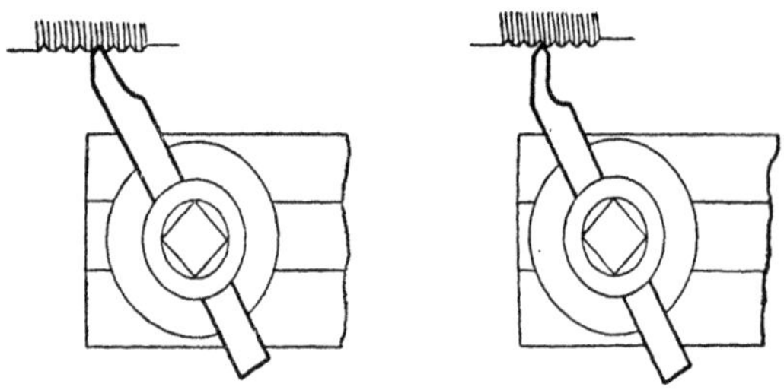

Fig. 160 u. 161. Gerader und gekröpfter Gewindestahl.

Der Kopf des Stahles Fig. 159 ist abgesetzt, ferner ist er von der Mittellinie aus links schmaler als rechts, beides, damit die Schneide möglichst nahe an einen Ansatz heranschneiden kann (für rechtes Gewinde). Fig. 161 ist ein gekröpfter Stahl, wie er öfters benutzt wird, während Fig. 160 zeigt, wie das Kröpfen durch zweckmäßiges Anschleifen vermieden werden kann.

Einen nicht zu vernachlässigenden Einfluß auf den Schneidvorgang hat der Steigungswinkel z des Gewindes (Fig. 162), da er den Neigungswinkel der rechten wie linken Schnittfläche, d. i. der Gewindeflanken, gegen die Schneidkanten bestimmt. Beim Schneiden rechter Gewinde wird an der linken Flanke der Anstellwinkel um z kleiner als der Rückenwinkel, der Schnittwinkel demgemäß um z kleiner als 90°, während umgekehrt an der rechten Flanke beide Winkel um z größer werden. Ist also z. B., häufig vorkommenden Verhältnissen entsprechend, $y = 30°$, $p = 15°$, $z = 4°$, so ist zunächst der Rückenwinkel p_s der Flanke nach Gleichung (3) S. 37 zu bestimmen aus dem Rückenwinkel p der vorderen Kante und dem Neigungswinkel y:

$$\operatorname{tg} p_s = \operatorname{tg} 15^\circ \sin 30^\circ = 0{,}134,$$

so daß $$p_s = 7^\circ\, 40' \text{ wird.}$$

Damit wird dann

der Anstellwinkel u_{sl}	an der linken Flanke:	$7^\circ 40'$	$- 4^\circ =$	$3^\circ 40'$
„ Schnittwinkel q_{sl}	„ „ „ „	90°	$- 4^\circ =$	86°
„ Anstellwinkel u_{sr}	„ „ rechten „	$7^\circ 40'$	$+ 4^\circ =$	$11^\circ 40'$
„ Schnittwinkel q_{sr}	„ „ „ „	90°	$+ 4^\circ =$	94°

Genau genommen sind die Schnittverhältnisse noch verwickelter, da der Steigungswinkel an jeder Stelle der Flanke, die anderen Abstand von der Achse hat, auch anders ist, während oben mit dem äußeren (kleinsten) Steigungswinkel gerechnet wurde. Bei den üblichen Gewinden ist aber die Tiefe im Verhältnis zum Durchmesser so gering, daß diese Rechnung genügt. Die Folge der verschiedenen Schnittwinkel ist, daß bei rechtem Gewinde die linke Flanke, da hier der Schnittwinkel etwa $< 90^\circ$ ist, meist sauberer wird als die rechte und umgekehrt bei linkem Gewinde.

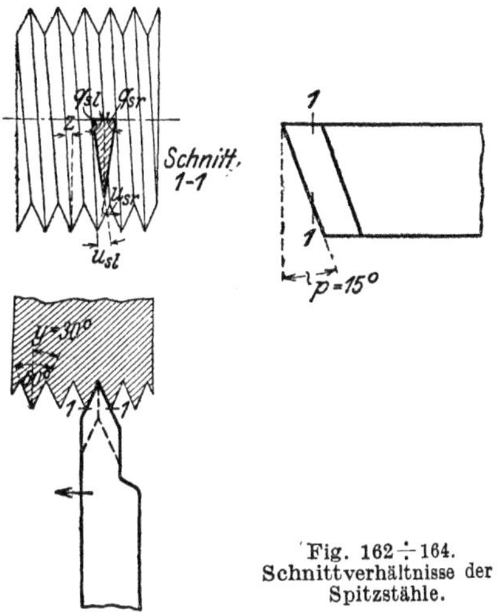

Fig. 162 ÷ 164. Schnittverhältnisse der Spitzstähle.

Die einfachen Schneiden (Fig. 157) reichen nur für Gewinde aus, die außen spitz oder abgeflacht sind. Für Gewinde, die, wie Whitworth-Gewinde oder wie Gewindebohrer für S.-I.-Gewinde, außen abgerundet sind, müssen die Schneiden Schultern haben wie $A\,A$ in Fig. 165 oder nach Fig. 166 ausgebildet sein (von manchen bevorzugt), wenn man nicht hinterher die Spitzen mit einem besonderen Stahl runden will.

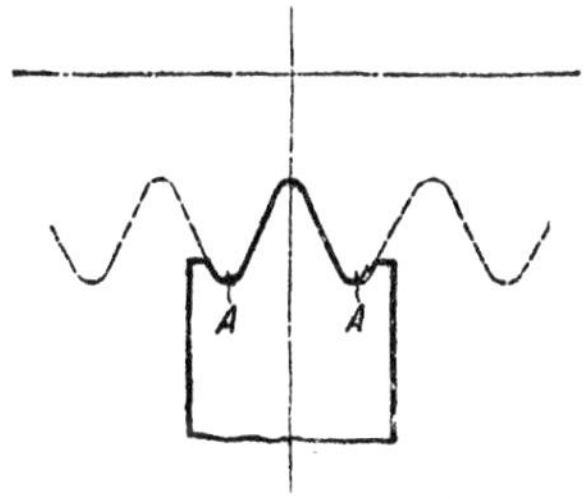

Fig. 165. Schneidenprofil mit Schultern.

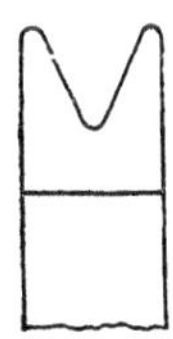

Fig. 166. Schneidenprofil für außen rundes Gewinde.

Da die Gewinde ihr Normalprofil in einer durch die Achse gehenden Ebene haben und auch die Schneiden dieses Normalprofil erhalten, müssen die Stähle beim Schneiden auf Höhe der Achse und genau gerade stehen wie in Fig. 162 und nicht etwa in Richtung des Steigungswinkels, da sonst das Gewinde verzerrt wird.

Beim Ausschneiden der Gewinde kann die Zahnlücke niemals mit einem Schnitt hergestellt werden, sondern der Stahl wird allmählich gegen die Achse zugestellt. Da die Schnittverhältnisse, wie oben gezeigt, nicht sehr günstig sind und schon an und für sich eine Formschneide wie der Gewindestahl nicht sehr günstig arbeiten kann, so ist immer eine große Anzahl von Schnitten nötig (abhängig von Gewindetiefe, Material und verlangter Genauigkeit), um das Gewinde fertig zu schneiden.

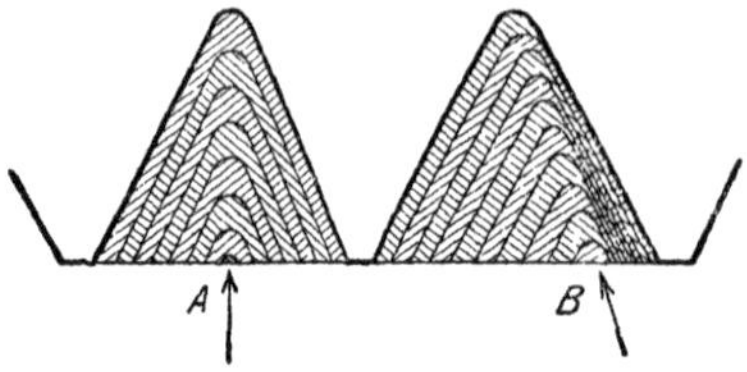

Fig. 167. Schematische Darstellung des Ausschneidens.

Das Ausschneiden erfolgt meist nach dem Schema Fig. 167*A* mit der Zustellung in Pfeilrichtung, d. i. senkrecht zur Gewindeachse. Sauberer wird das Gewinde beim Ausschneiden nach Fig. 167*B*, d. i. mit Zustellung ausschließlich oder hauptsächlich parallel zur rechten Gewindeflanke. Hierbei schneidet fast nur die linke Flanke des Stahles, so daß der Schnitt viel ruhiger wird, selbst bei größerem Spanquerschnitt. Diese Art der Zustellung, bei der die schneidende Flanke auch einen größeren Brustwinkel erhalten kann, verlangt einen drehbaren Oberschlitten, der nach dem halben Flankenwinkel eingestellt werden muß. In Fig. 168 ist der Oberschlitten zum Schneiden von 60°-Gewinde eingestellt; er hat für solche Arbeit eine Sonderkonstruktion (Stichelhausführung parallel zur Drehachse). In Fig. 169 bezeichnen die Stellungen *a*—*b*—*c* des Stahles ein derartiges Ausschneiden, während *d* angibt, wie die letzten Schnitte senkrecht zur Achse genommen werden, um die genau richtige Form zu erhalten. Der Grund, weshalb beim Zustellen nach Fig. 167*A*

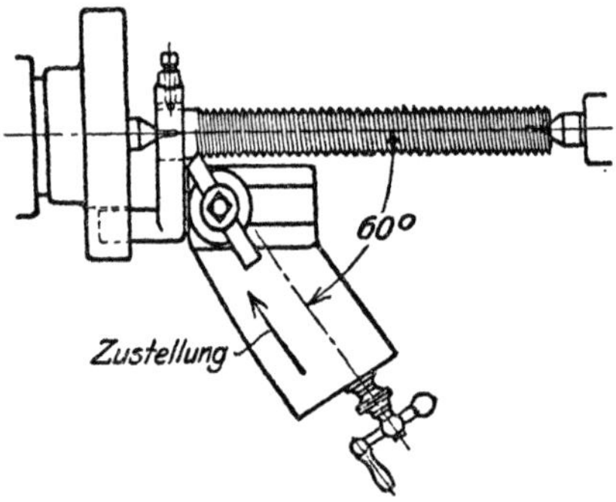

Fig. 168.

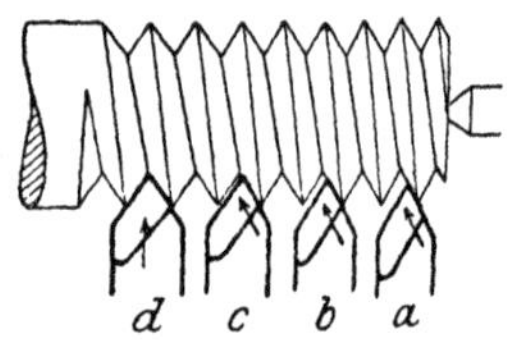

Fig. 169. Zustellen des Stahles parallel zur Flanke.

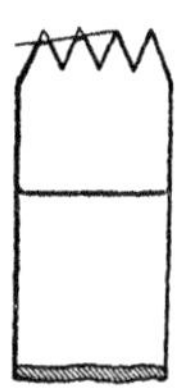
Fig. 170. Strehler.

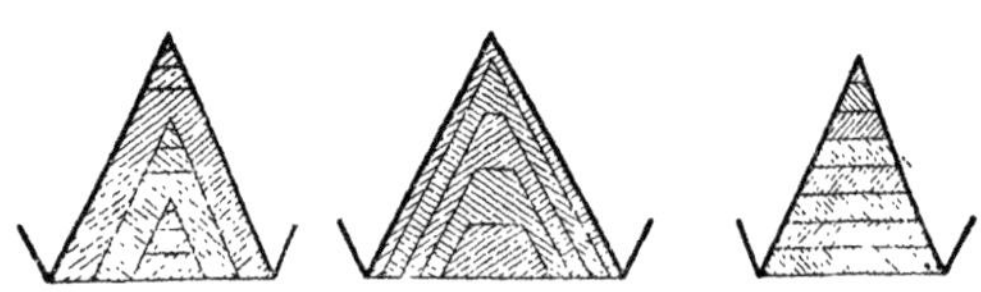
Fig. 171÷173. Schematische Darstellung des Ausschneidens.

die Schneide weniger gut arbeitet, liegt einmal in ungünstigen Schwingungen, die beim Zustellen senkrecht zur Achse leicht entstehen, und nicht gestatten, daß ein größerer Brustwinkel genommen wird, sodann in der ungünstigen Spanbildung, da die Spitze und beide Flanken zugleich schneiden müssen.

Um das Ausschneiden zu beschleunigen, werden besonders bei gröberen Gewinden Strehler benutzt, d. s. Stähle, die mehrere Zähne haben, im Abstand gleich der Steigung oder gleich der doppelten Steigung voneinander (Fig. 170) Nur die letzten ein oder zwei Zähne der Strehler haben das volle Gewindeprofil, die anderen sind etwas abgeflacht, um so mehr, je weiter sie nach vorn liegen. Ein derartiger Strehler schneidet nach dem Schema Fig 171, er kann bei jedem Schnitt ein Vielfaches von dem eines einfachen Schneidzahnes nehmen. Für genaue Arbeiten können Strehler nur zum Vorschneiden dienen.

Alle diese Gewindestähle haben den Nachteil, daß die empfindliche Spitze der Schneide von vornherein mitschneiden muß; richtiger würde das Ausschneiden nach dem Schema Fig. 172 oder 173 geschehen. Das erfordert aber, wenn man nicht bei jedem Schnitt einen anderen Stahl einspannen will, Werkzeuge, wie Fig. 174 eines zeigt, mit vielen Schneiden, von denen nach jedem Schnitt eine andere vorgeschaltet wird. Die nähere Besprechung dieser Werkzeuge gehört aber nicht mehr hierher.

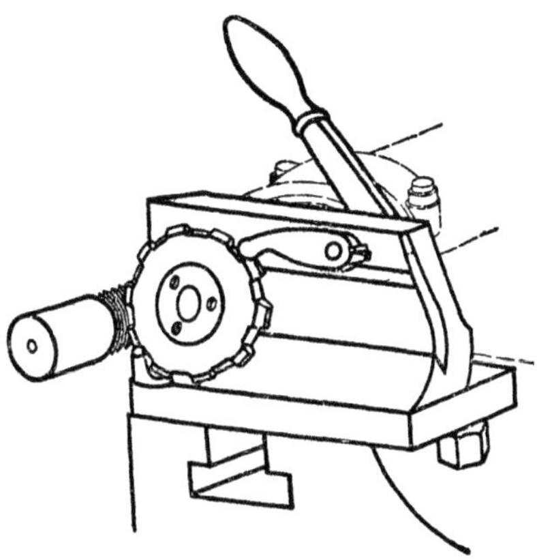

Fig. 174. Vielfach-Werkzeug zum Gewindeschneiden.

Stähle für Flachgewinde. Das Flachgewinde kann rechteckig oder trapezförmig sein. Die Stähle können an und für sich so ausgeführt werden, wie der Spitzgewindestahl Fig. 162, also prismatisch, und können auch beim Schneiden ebenso zur Drehachse stehen, also gerade; das geht aber nur so lange, wie der Steigungswinkel des Gewindes über einige Grad nicht hinausgeht. Nun ist aber der Steigungswinkel dieser Gewinde nicht selten 20° und mehr und das hat auf die Form bzw. Stellung des Stahls einen erheblichen Einfluß. Es rührt das von der oben besprochenen Tatsache her, daß der

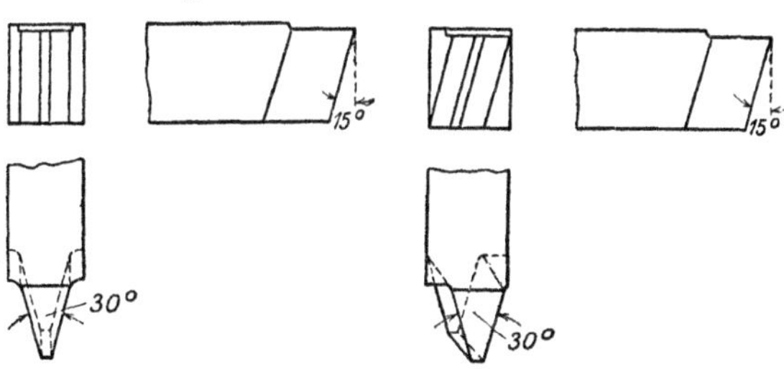

Fig. 175 ÷ 177. Fig. 178 ÷ 180.

Fig. 175 ÷ 180. Trapezgewindestähle.

Steigungswinkel den Schnitt- und Anstellwinkel an der einen Flanke vergrößert, an der anderen verkleinert, um so mehr, je größer er ist. Bei großen Steigungswinkeln kommt man so schließlich zu Verhältnissen, die eine Änderung am Stahl unbedingt verlangen, wie folgende kleine Rechnung zeigt.

Der grade, prismatische Trapezgewindestahl Fig. 175 ÷ 177 habe einen Rückenwinkel $p = 15°$, einen Flankenwinkel $2\,y = 30°$ bei einem Steigungswinkel des Gewindes von $z = 12°$. Dann ergibt sich nach der Gleichung (3) Seite 37 der seitliche Rückenwinkel an den Flanken zu $p_s = 4°$. Damit wird dann:

der Anstellwinkel u_{sl}	an der linken Flanke:	$4° - 12° = -\ 8°$
,, Schnittwinkel q_{sl}	,, ,, ,, ,,	$90° - 12° = +\ 78°$
,, Anstellwinkel u_{sr}	,, ,, ,, ,,	$4° + 12° = +\ 16°$
,, Schnittwinkel q_{sr}	,, ,, ,, ,,	$90° + 12° = +102°$.

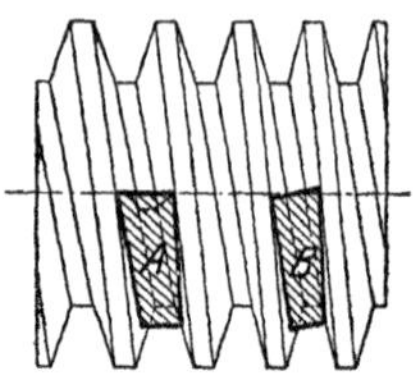

Fig. 181. Stähle für Trapezgewinde mit gerader und schräger Brust.

Das ist für den Anstellwinkel u_{sl} ein unmöglicher, für den Schnittwinkel q_{sr} ein sehr ungünstiger Wert. Der Anstellwinkel kann dadurch einen brauchbaren Wert bekommen, daß man der Rückenfläche der linken Flanke einen besonderen Neigungswinkel (nach innen) von etwa 12° gibt. Dann bleibt allerdings der Schneidkopf nicht prismatisch und wird daher, wenn er nur an der Brust nachgeschliffen wird, schmaler; er muß dann auch vorn an der Rücken-Stirnfläche geschliffen werden, um die alte Breite wieder zu erhalten. Prismatisch bleibt der Schneidkopf dagegen und bekommt an der rechten und linken Flanke gleiche Anstellwinkel, wenn man beide Rückenflächen um 12° in derselben Richtung neigt, so daß also der ganze Kopf im Steigungswinkel des Gewindes steht (Fig. 178 ÷ 180). Als Steigungswinkel des Gewindes, nach dem sich der seitliche Rückenwinkel zu richten hat, ist der des Kernes zu nehmen, weil er bei dem verhältnismäßig tiefen Trapezgewinde nicht unerheblich größer ist als der Steigungswinkel außen. Der zu große Schnittwinkel rechts (Fig. 181 A) kann durch Einschleifen der Stahlbrust nach der gestrichelten Linie beseitigt werden, doch ist das nur ein mangelhafter Notbehelf. Gründlich werden die ungünstigen Schnittverhältnisse dagegen gebessert, wenn man die Brustfläche nicht gerade stellt, sondern schräg, und zwar senkrecht zum mittleren Steigungswinkel, wie in Fig. 181 B. Dann wird der Schnittwinkel an jeder Flanke 90°. Der Stahl Fig. 183 ÷ 185 ist nach diesem Grundsatz konstruiert; er dient zum Ausschneiden

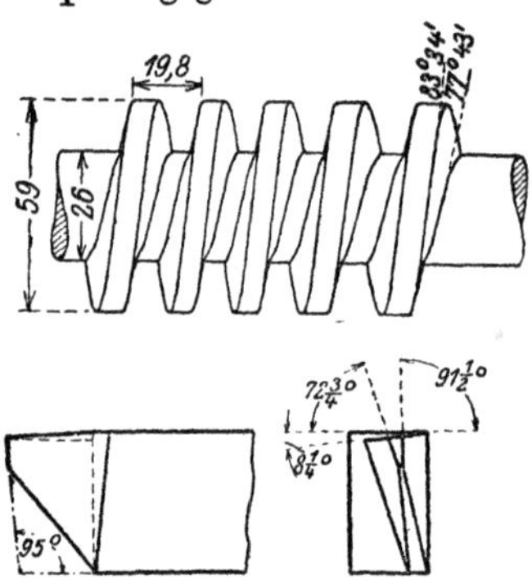

Fig. 182 ÷ 185. Schnecke mit Stahl zum Schneiden.

der sehr tiefen Schnecke Fig. 182, die Linksgewinde hat, mit einem Steigungswinkel von $8^1/_4{}^\circ$ im Teilkreis.

Viel leichter als mit rechteckigem Schaft sind derartige Trapezgewindestähle zylindrisch herzustellen, weil sich dann der gerade Schneidkopf in die verlangte Richtung drehen läßt (Fig. 186 u. 187). (Halter für solche zylindrische Stähle weiter unten.)

Fig. 186 u. 187. Trapezgewindestahl mit zylindrischem Schaft.

In Fig. 188 ÷ 191 sind zylindrische Stähle am Arbeitsstück dar-

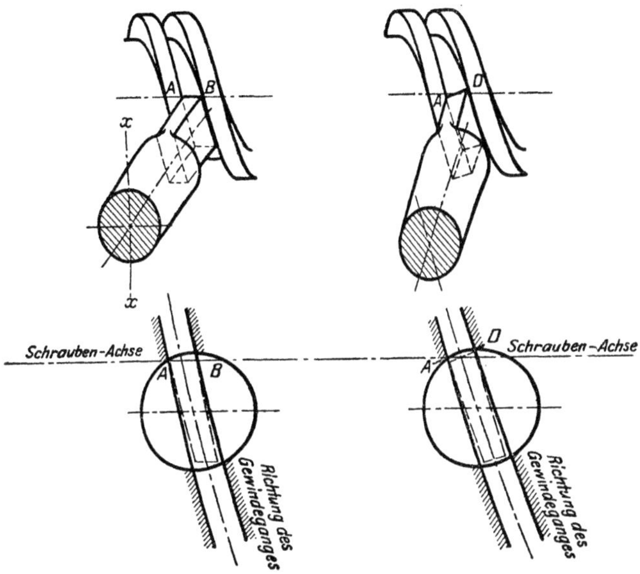

Fig. 188 ÷ 191. Trapezgewindestähle mit zylindrischem Schaft.

gestellt (oben perspektivisch, unten in Ansicht von hinten), und zwar hat Fig. 188 u. 189 die Brust wagerecht, Fig. 190 u. 191 schräg, d. h. senkrecht zur Steigung.

Die Stellung des Schneidkopfes mit der Brust senkrecht zum Steigungswinkel hat einen bemerkenswerten Einfluß auf die Gewindeform: die geraden Flankenlinien erscheinen am Gewinde nicht mehr in einer durch die Achse gehenden Ebene, wie es die übliche Vorschrift verlangt, sondern in der Ebene senkrecht zum Steigungswinkel. Wenn das nicht zulässig ist, also die geraden Flanken in der Achsenebene sein müssen, läßt sich auch das trotz schrägstehender Brust erreichen, wenn man die Flankenschneiden

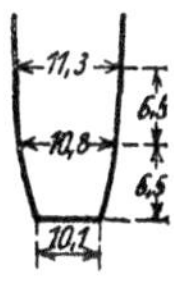

Fig. 192. Trapez gewindeschneide mit gekrümmten Flanken.

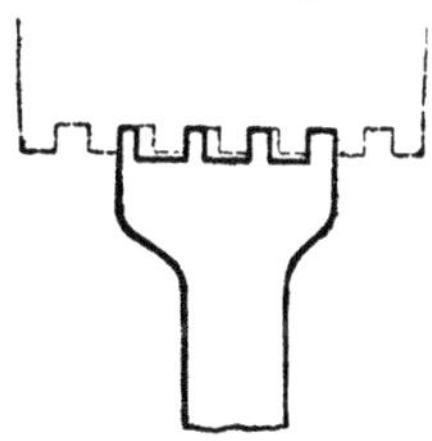

Fig. 193. Strehler für Flachgewinde.

des Gewindestahls krümmt nach Fig. 192. (Über die Konstruktion dieser Krümmung siehe Werkstattstechnik 1910, S. 176.)

Stähle mit der Fertigform des Gewindes werden bei Flachgewinde meist nur zum Schlichten benutzt, während zum Vorschruppen Stähle mit schmalerem Profil dienen, die Grund, rechte und linke Flanke für sich ausschneiden. Auch Strehler werden benutzt, wie z. B. der Strehler Fig. 193 für rechteckiges Gewinde, bei dem nur der letzte Zahn die volle Breite hat, während die übrigen nach dem ersten Zahn hin immer schmaler werden.

8. Stahlhalter.

Vorzüge und Nachteile. Bei wiederholtem Nachschleifen der stumpfen Schneide eines ganz aus Werkzeugstahl hergestellten Vollstahls muß alles in Fig. 194 schraffierte Material abgeschliffen werden, und schließlich muß das durch die punktierte Linie angedeutete Stück abgeschmiedet werden, um zu einer neuen, brauchbaren Schneide zu kommen. Ist das Umschmieden einige Male wiederholt (Fig. 195), bleibt schließlich ein reichliches Stück Stahl übrig, das, zur weiteren Verwendung zu kurz, fast wertlos ist. In Fig. 195 ist *AA* . . der Teil des Materials, der von der Brustfläche, *DD* . . der Teil, der von der Rückenfläche fortgeschliffen und *EE* . . . der Teil, der durch Schmieden vergeudet wird. Wir sehen hieraus, welche Materialverschwendung dadurch entsteht, daß der Stahl, um genügend starr zu sein, einen erheblichen Querschnitt, und damit eine lange Rückenfläche, haben muß. Bei manchen Stahlformen wird durch Schmieden der Nase der Querschnitt nach der Schneide zu verjüngt und so besonders die Rückenfläche verkürzt; aber viel kann das an der Vergeudung von Material nicht bessern.

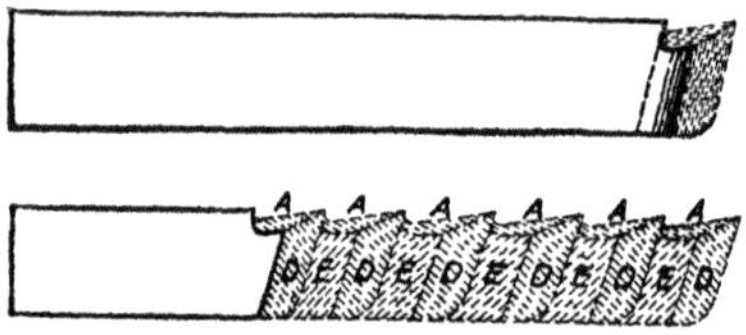

Fig. 194 u. 195. Vergeudung von Werkzeugstahl beim Schleifen.

Ein zweiter, rein wirtschaftlicher, Nachteil sind die vielen Stähle, die zu jeder Maschine nötig sind. In ihnen steckt bei Vollstählen ein großes Kapital, das bei dem teuren Schnellstahl leicht viele hundert Mark für eine Maschine betragen kann und das verzinst und abgeschrieben werden muß.

Das sind die Ursachen, die in erster Linie zur Einführung der Stahlhalter geführt haben: die Halter sparen bedeutend an dem teuren Werkzeugstahl, da sie Einsatzstähle von geringem Querschnitt aufnehmen und sie in der Länge gut ausnutzen. Dazu kommen weitere Vorzüge: Einsatzstähle werden nicht geschmiedet, sie können leichter und sicherer geschliffen und bequemer eingestellt werden.

Beim Drehen werden trotz dieser Vorzüge, zum Schruppen wenigstens, Stahlhalter meist nur für kleinere und mittlere Leistungen benutzt. Denn die Einsatzstähle vertragen die für große Leistungen nötigen Schnittdrucke nicht so gut, vor allem aber werden ihre Schneiden infolge der geringeren Wärmeleitung in den kleinen Stahlquerschnitten schneller stumpf. Für kräftiges Schruppen sind die vollen Stähle aus Schnellstahl (ausgenommen die weiter unten besprochenen aufgeschweißten) trotz ihrer hohen Kosten, wirtschaftlicher[1]). Andererseits sind Halter besonders da sehr wertvoll und überlegen, wo die Arbeit weit auskragende oder gebogene Werkzeuge verlangt, ferner für Formstähle, wie z. B. Gewindestähle oder Radiusstähle, da diese als Einsatzstähle besser und billiger hergestellt werden; schließlich für Arbeiten, bei denen mit Vorteil mehrere Stähle nebeneinander verwendet werden können.

An die Halter sind folgende Anforderungen zu stellen:

1. sie müssen den Einsatzstahl gut festhalten und bis nahe der Schneide unterstützen
2. sie müssen Nachstellen und Nachschleifen erleichtern
3. sie müssen starr und einfach sein (aus möglichst wenig Teilen bestehen).

Vom Einsatzstahl muß verlangt werden, daß er ohne viel Mühe und Kosten sich herstellen läßt, soweit er nicht besonderer Formstahl (Gewindestahl o. dgl.) ist. Das Zweckmäßigste und auch Übliche ist, ihn von langen Stangen abzuschneiden, die mit dem verlangten Querschnitt fertig gewalzt oder bei feinerer und genauerer Form fertig gezogen werden. Die meist üblichen Querschnitte sind die rechteckigen; daneben kommen aber auch manche andere vor, von denen eine Anzahl in Fig. 196 zusammengestellt ist.

Fig. 196. Querschnitte von Einsatzstählen.

Die Halter sind entweder für verschiedene Arten von Arbeiten zu benutzen oder nur für einzelne.

Von den vielen im Handel befindlichen Ausführungen soll hier eine Anzahl charakteristischer besprochen werden.

Halter für allgemeine Zwecke (Schruppen, Schlichten usw.). Zu unterscheiden sind wesentlich zwei Gruppen:

1. Halter, die dem Einsatzstahl einen bestimmten Rückenwinkel geben
2. Halter, die dem Einsatzstahl einen bestimmten Brustwinkel geben.

Es kommen allerdings auch Konstruktionen vor, bei denen der Halter an sich dem Einsatzstahl noch keinen Neigungswinkel gibt.

Bei der ersten Gruppe (Fig. 197 u. 198) fällt die Längenrichtung des Einsatzstahls in die Rückfläche, und die Stirnfläche des Stahls bildet die Brustfläche. Diese Anordnung hat den Vorzug, daß der Stahl nur sehr unbedeutend auf Biegung beansprucht wird und daher auch bei verhältnismäßig kleinen Querschnitten große Schnittkräfte ertragen kann. Dagegen muß der Schnittdruck durch die Befestigungsmittel bzw.

[1]) Diese Bemerkung bezieht sich auf geregelte Friedensverhältnisse.

die Reibung aufgenommen werden. Der Einsatzstahl wird vorwiegend oder ausschließlich an der Brustfläche geschliffen.

Bei der zweiten Gruppe (Fig. 199 ÷ 201) fällt die Längenrichtung in die Brustfläche, und die Stirnfläche des Stahls bildet die Rückenfläche. Diese Anordnung hat den Vorzug, daß der Stahl besser festzuspannen ist, der Schnittdruck unmittelbar

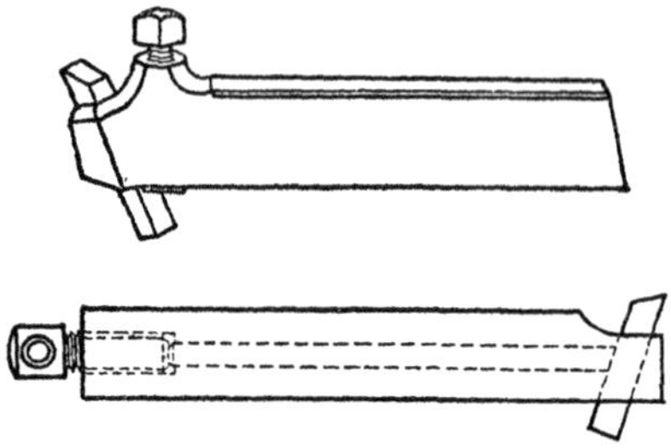

Fig. 197 u. 198. Halter mit Einsatzstählen unter bestimmten Rückenwinkel.

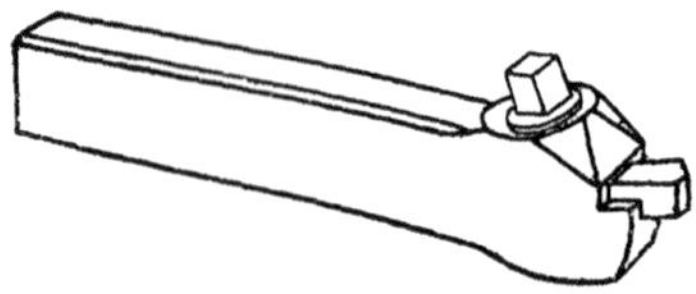

Fig. 199. Gerader Halter mit geradem Einsatzstahl.

vom Halter aufgenommen wird und der Kopf des Halters weniger stört. Der Einsatzstahl wird vorwiegend an der Rückenfläche (Stirnfläche) geschliffen.

Von den Haltern der ersten Gruppe wird in Fig. 197 der Stahl durch Keil und senkrechte Schraube festgeklemmt, in Fig. 198 durch Druckstift und Schraube am hinteren Ende des Halters. Während in bezug auf festen und günstigen Sitz des Einsatzstahles Fig. 197 den Vorzug verdient, hat Fig. 198 den Vorzug, daß die Schraube in keiner Weise im Wege und bequem zu erreichen ist.

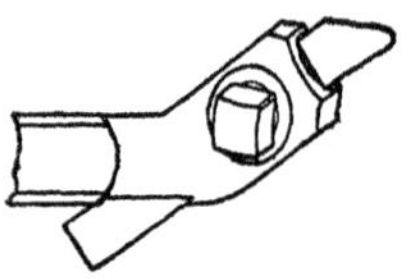

Fig. 200. Gekröpfter Halter mit geradem Einsatzstahl.

In den Halter Fig. 199 der zweiten Gruppe, der aus Stahl im Gesenk geschmiedet ist, werden Stähle von rechteckigem Querschnitt eingesetzt, deren Schneide leicht zum Schruppen, Schlichten usw. ausgebildet werden kann. Durch ihre schräge Lage im Halter haben die Stähle alle denselben Brustwinkel. Ein großer

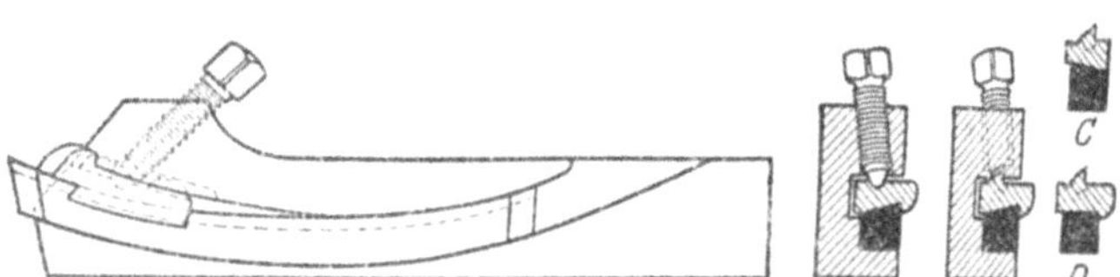

Fig. 201. Gerader Halter mit gebogenem Einsatzstahl.

Vorzug des Halters ist es, daß er die Stähle fast bis an die Schnittstelle unterstützt und keine losen Teile hat. Er wird auch gekröpft geliefert (Fig. 200).

Der Halter Fig. 201 unterscheidet sich von Fig. 199 in erster Linie durch den gebogenen Einsatzstahl. Der hat den Vorzug, daß er, ohne zu stören, wesentlich länger sein und deshalb in der Länge besser ausgenutzt werden kann als der gerade Einsatzstahl. Denn das Stück, das schließlich als unbenutzbar übrigbleibt, ist bei beiden Stählen etwa gleich lang und bildet deshalb einen geringeren Bruchteil des Ganzen beim langen als beim kurzen Stahl. Ein Nachteil des gebogenen Einsatzstahles ist es dagegen, daß er etwas teurer ist und vom Lieferanten des Halters bezogen werden muß, während der Verbraucher sich den geraden Einsatzstahl von langen Stangen selbst abschneiden kann. Dann wird der gebogene Einsatzstahl im Halter nicht unmittelbar durch die Schraube, sondern mittels eines kleinen Druckschuhes gespannt. Das hat den Vorzug, daß der Druck besser verteilt wird und daß Einsatzstähle mit verschiedenem Querschnitt (*A B C D* Fig. 201) benutzt werden können, den verschiedenen Zwecken angepaßt; die Anordnung hat dagegen den Nachteil, daß die Schuhe in der Werkstatt leicht verloren werden, trotzdem sie eine in den Halter greifende dreieckförmige Feder haben. Die Einsatzstähle *A* und *B* dienen zum Schruppen oder Hochziehen rechts, der Stahl *C* für gleiche Zwecke links, der quadratische Stahl *D* zum Schruppen mit runder Schneide, zum Schlichten, Einstechen usw. Dieser Halter wird auch mit zwei Stählen nebeneinander geliefert, sei es zum Schruppen und Schlichten, sei es zum Schruppen mit beiden Stählen.

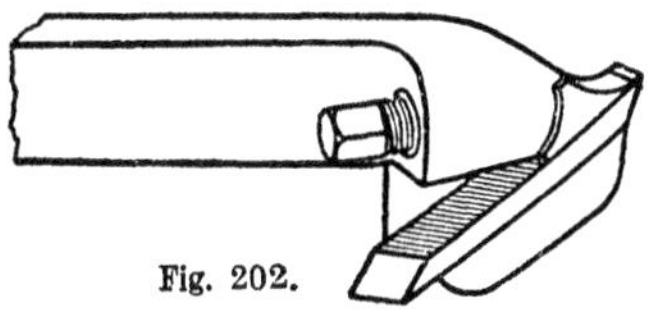

Fig. 202.

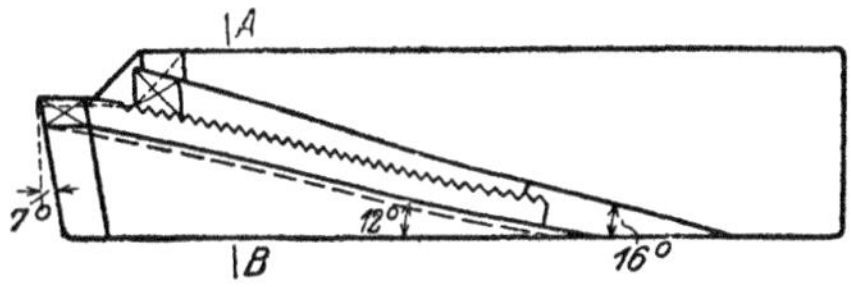

Fig. 203 ÷ 205.

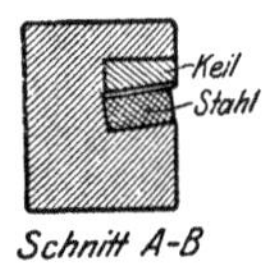

Fig. 202 ÷ 205. Schruppstahlhalter mit gezahnten Einsatzstählen.

Schruppstahlhalter. Im Halter Fig. 202 wird der Einsatzstahl durch Druckschuh und Druckschraube von hinten befestigt, so daß der Spanabfluß vorn durch Spannmittel nicht gehindert wird. In Fig. 203 ÷ 205 dagegen geschieht das Verspannen ausschließlich durch einen Keil von vorn. In beiden Fällen haben Stahl sowohl wie Keil bzw. Schuh eingefräste Zähne, und darin liegt ein Nachteil dieser Ausführungen. Während Halter Fig. 202 gekröpft ist, damit die gerade Schneide schräg steht, wird in Fig. 204 der Stahl vorn schräg geschliffen. In beiden Haltern liegen die Stähle unter dem Brustwinkel schräg. Beide Halter sind starr und kräftig und unterstützen die Stähle unten und seitlich gut, so daß sie stark beansprucht werden können.

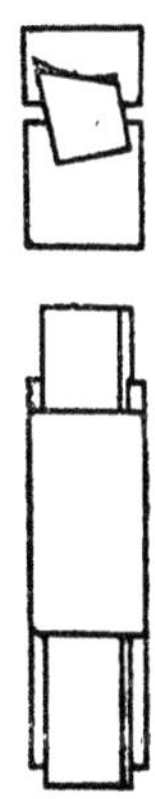

Fig. 206 u. 207. Schruppstahlhalter mit losem Druckstück.

Ein Halter ganz anderer Konstruktion ist Fig. 206 u. 207. Der Einsatzstahl liegt lose im Halter und das Spannen erfolgt nur unmittelbar durch die Schraube des Stichelhauses mittels des Druckstückes, das auf dem Stahl liegt. Der Querschnitt des Einsatzstahles und seine Lage im Halter geben dem Einsatzstahl ohne weiteres den seitlichen Brust- und Rückenwinkel. Die Schneide steht senkrecht oder nahezu senkrecht zur Drehachse, so daß der Stahl besonders zum Schruppen gegen gerade Bunde zu benutzen ist.

Der Halter Fig. 208 u. 209 vereinigt den einfachen, schräg stehenden Einsatzstahl der Fig. 202 mit dem lose aufliegenden Deckel der Fig. 206.

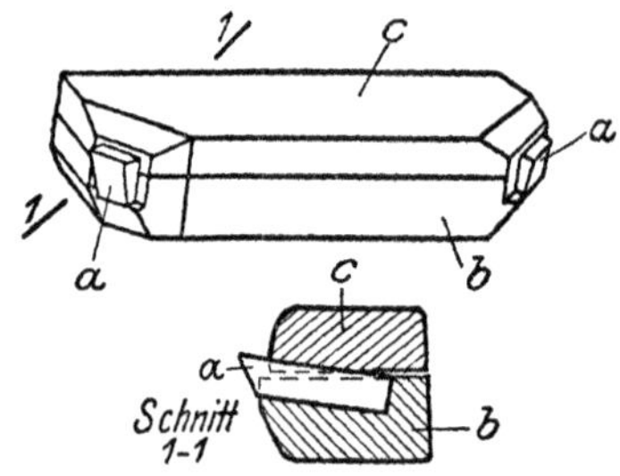

Fig. 208 u. 209. Doppel-Schruppstahl-Halter.

Der Einsatzstahl *a*, der nur kurz zu sein braucht, liegt in schräg eingefräster Nute des geschmiedeten Körpers *b* und wird durch Druck auf den Deckel *c* gehalten, während durch die Anlage hinten in der Nut der Rückdruck aufgenommen wird. Ist der Stahl durch Nachschleifen an der Stirnfläche (Rückenfläche) kürzer geworden, werden hinten in die Nut Paßstücke eingelegt. Der Halter dient an einem Ende zum Rechts-, am anderen Ende zum Linksdrehen.

Besonders bemerkenswert durch das Profil des Einsatzstahls (Jägerstahl genannt) ist der Halter Fig. 210 u. 211. Der Einsatzstahl wird von profilierten Stangen abgeschnitten; sein Querschnitt ist so ausgebildet, daß die 4 Ecken unmittelbar die Schneiden bilden, so daß der Stahl 4 der Länge nach durchlaufende Schneidkanten hat (s. auch Fig. 91). Infolgedessen braucht der Stahl, wenn die erste Schneide stumpf geworden, nur um 90° gedreht zu werden, um wieder gebrauchsfähig zu sein. Sind dann alle 4 Schneiden des einen Endes stumpf, so kann der Stahl umgedreht und am anderen Ende 4 mal benutzt werden. Dann erst muß er an beiden Enden geschliffen werden. Dieses Schleifen geschieht nur an den Stirnflächen, senkrecht zur Länge. Darin liegt ein großer Vorzug, denn es geht schnell und ohne Gefahr des Verschleifens, da die Schneidwinkel ganz unabhängig vom Schleifen sind; darin liegt aber auch ein Nachteil, denn es muß jedesmal ein erhebliches Stück der Länge abgeschliffen werden, gleich der Breite des Spans, bzw. der Abnutzung der Kante. Bei einem Vergleich des Stahlverbrauches dieses Einsatzstahls mit dem gewöhnlichen Stahle ist natürlich nicht zu vergessen, daß der Verbrauch sich hier auf 4 Schneiden verteilt. — Der Einsatzstahl liegt im Halter mit rückwärts geneigter Schneidkante, ein Gegenstück zum Stahl Fig. 70. Der Halter unterstützt und hält den Stahl so günstig, daß keine Biegungsbeanspruchung auftritt, weder durch die Schnitt- noch durch die Vorschubkraft. Infolgedessen kann der Stahl stark angestrengt und auch der ganzen Länge nach gehärtet werden, so daß er ohne weiteres bis auf ein kurzes Stückchen

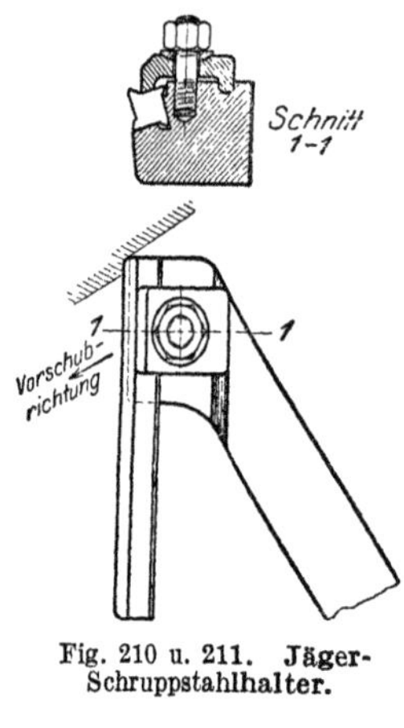

Fig. 210 u. 211. Jäger-Schruppstahlhalter.

ausgenutzt werden kann. Die Klemmplatte drückt den Stahl kräftig gegen die Winkelflächen des Halterkopfes.

Abstechstahlhalter. Diese Halter werden vorwiegend in Revolver- und Abstechbänken benutzt. Die Einsatzstähle oder Messer werden gleichfalls meist von langen Stangen abgeschnitten; ihr Querschnitt ist stets schmal, damit möglichst wenig Material beim Abstechen verloren geht, und verhältnismäßig hoch, damit der Stahl gegen den Schnittdruck genügend widerstandsfähig ist. Fig. 212 zeigt eine Anzahl solcher Querschnitte. Wenn die Schmalseiten schräg sind, um die Messer leicht spannen zu können, werden sie oben, soweit der Stahl schneidet,

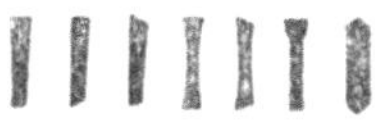

Fig. 212. Querschnitte von Abstechmessern.

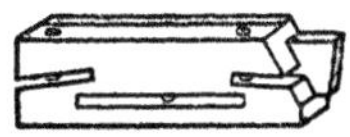

Fig. 213. Geschlitzter Abstechstahlhalter.

Fig. 214.

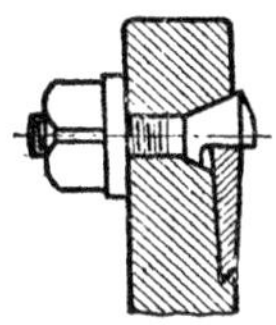

Fig. 215.

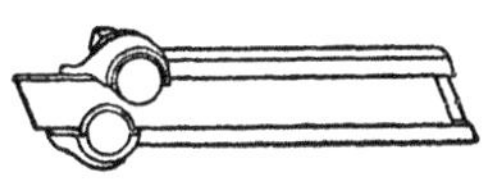

Fig. 216.

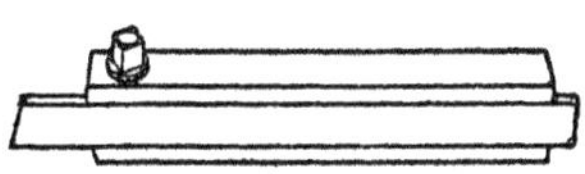

Fig. 217.

Fig. 214÷217. Gerade Abstechstahlhalter mit Klemmschraube.

gerade geschliffen. Sind die Querschnitte schlank konisch, wie die ersten drei, werden die Nuten der Halter so geformt, daß die Messer sich nicht festklemmen können. Von vorn nach hinten zu werden die Messer wohl 1 bis 2° schmaler geschliffen. Der Brustwinkel ist gleich Null

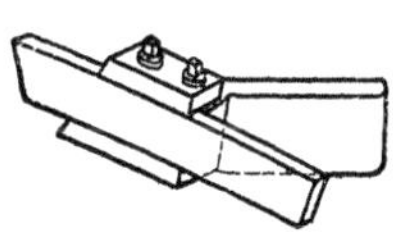

Fig. 218. Gekröpfter Abstechstahlhalter.

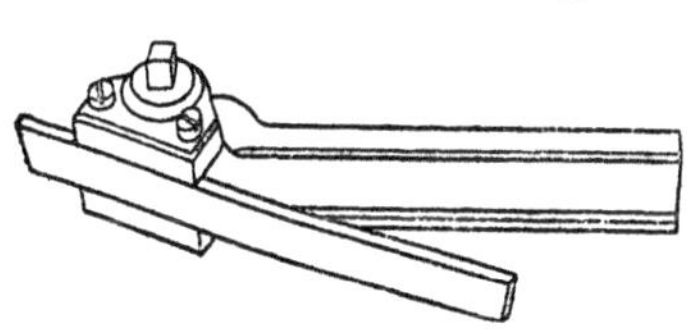

Fig. 219. Abstechstahlhalter mit drehbarem Kopf.

oder doch nur wenige Grad und wird meist durch die Lage des Einsatzstahles im Halter erzielt. Der vordere Rückenwinkel ist 8 bis 10°.

Der Halter Fig. 213 ist aus Maschinenstahl, eingeschlitzt, damit er zum Spannen des Messers federnd nachgeben kann. Die Schrauben dienen nur zum leichten Festhalten, das eigentliche Festklemmen von Halter und Messer geschieht durch die Schraube des Stichelhauses.

In Fig. 214 u. 215 wird das Messer durch den abgesetzten Kopf einer Schraube, in Fig. 216 durch Schlitze in den Köpfen zweier Schrauben, in Fig. 217 durch Zusammenklemmen des geschlitzten Halters in der Nut festgespannt. Der gekröpfte Halter Fig. 218 hält das Messer durch eine besondere Spannplatte. Fig. 219 ist als gerader, wie gekröpfter Halter zu verwenden, da der Messerkopf um den Schaft geschwenkt und durch die mittlere Schraube in jeder Lage festgestellt werden kann. Fig. 220 u. 221 ist ein gekröpfter Halter für zwei Messer in bestimmtem Abstand voneinander.

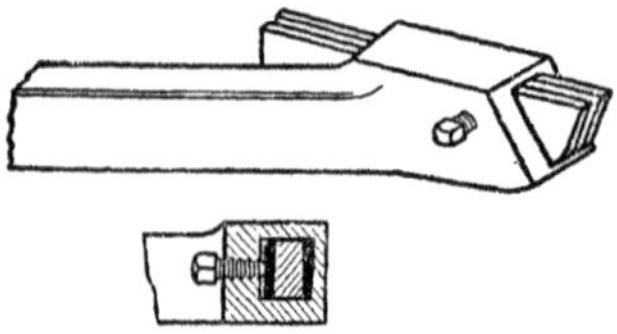

Fig. 220 u. 221. Halter für 2 Abstechstähle.

Ein sehr guter Halter, konstruiert für die Drehbank zum Abstechen großer Hohlkörper, ist Fig. 222 u. 223. Das Messer, durch zwei Schrauben festgeklemmt, ist bis vorne hin unterstützt, so daß der Schnittdruck unmittelbar, ohne das Messer auf Biegung zu beanspruchen, auf den Halter kommt. Der Schaft ist abgesetzt, entsprechend der geringen über dem Support zur Verfügung stehenden Höhe.

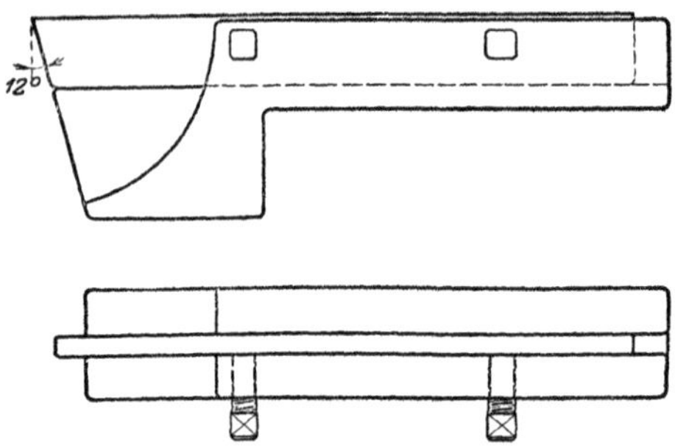

Fig. 222 u. 223. Abstechstahlhalter für große Durchmesser.

Seitenstahlhalter. Bei dem Halter mit gekröpftem Schaft Fig. 224 wird das Messer von Profilstangen abgeschnitten. Die eine Seite des Messers liegt so schräg, daß sich der seitliche Rückenwinkel von selbst ergibt. Die Schrägen der Schmalseiten dienen dem sicheren Spannen, das (wie in Fig. 214) durch den abgeschrägten Kopf einer Schraube geschieht. Um an der Schmalseite den Brustwinkel zu bekommen, braucht man

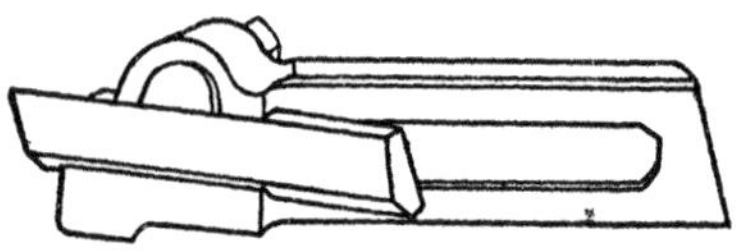

Fig. 224. Seitenstahlhalter.

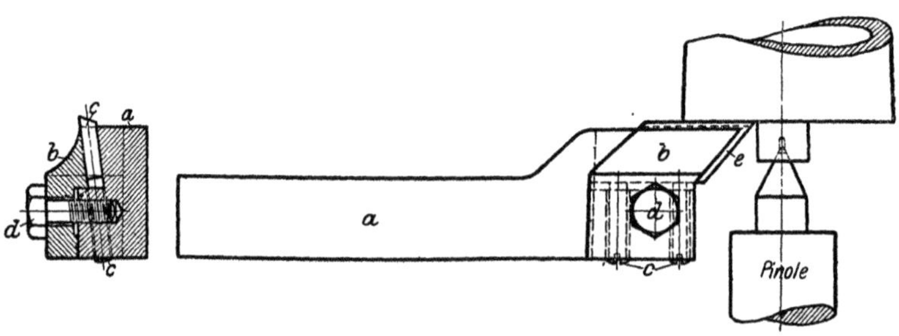

Fig. 225 u. 226. Seitenstahlhalter.

sie nur am vorderen Ende schräg nach hinten zu schleifen.

Der Halter Fig. 225 u. 226 benutzt ein Flachmesser *e*, das seiner Form entsprechend hauptsächlich an der vorderen Stirnfläche geschliffen und durch die hinteren Stellschrauben *c* nachgestellt wird. Die Klemmplatte *b*, die durch die Schraube *d* das Messer festspannt, ist vorn so ausgebildet, daß sie den Spanabfluß nicht hindert.

Formstahlhalter. Sehen wir von den runden und prismatischen Formstählen ab, so sind es vorwiegend die Flachstähle, die auf Haltern benutzt werden.

Bei dem Halter Fig. 227 ÷ 229 wird das Messer durch Zusammenspannen des geschlitzten Kopfes gehalten, während in Fig. 230 u. 231 und 232 u. 233 das Messer durch je 2 Schrauben befestigt ist. Diese zwei Konstruktionen, anwendbar für breitere Messer, haben den Vorzug, daß sie die Messerbrust und den Ausblick auf die Schnittstelle freilassen. In beiden Fällen wird das durch Überragen des Messers entstehende Kippmoment hinten am Messer noch durch den Halter sehr günstig aufgenommen. Fig. 232 hat vor 230 den Vorzug, daß die Schraubenköpfe nicht stören, dagegen ist die Konstruktion etwas teurer.

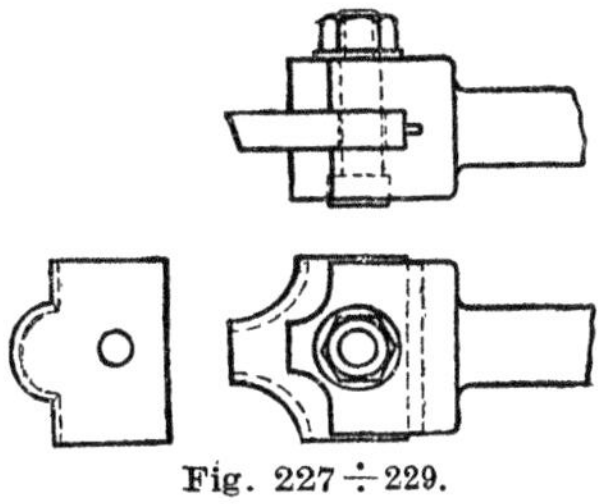

Fig. 227 ÷ 229.

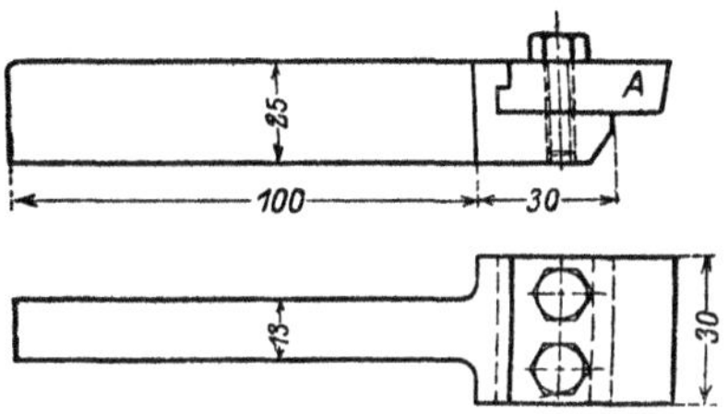

Fig. 230 u. 231.

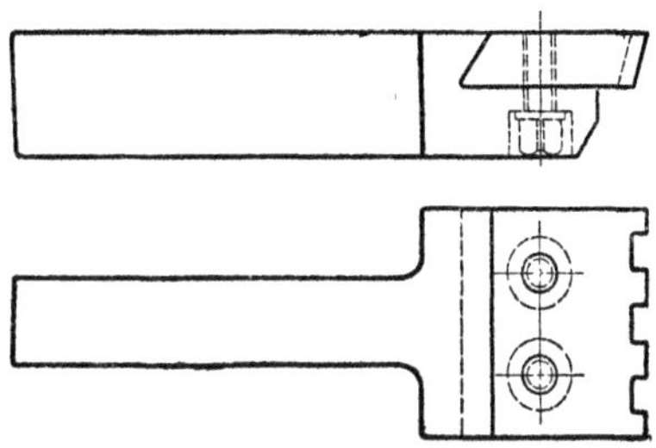

Fig. 232 u. 233.

Fig. 227 ÷ 233. Halter für Formmesser.

Der Halter *D* Fig. 234 u. 235 trägt, befestigt durch eine Schraube *A* und Scheibe *B*, einen Radiusstahl *C* in Form einer runden Scheibe. Der Vorzug eines solchen Stahles besteht darin, daß er leicht und billig hergestellt werden kann und in seinem Umfang eine lange Schneidkante besitzt, von der jedes Stück ausgenutzt werden kann, indem man nach dem Stumpfwerden die Scheibe nur ein wenig dreht. Der Stahl kann auch als Schlichtstahl dienen.

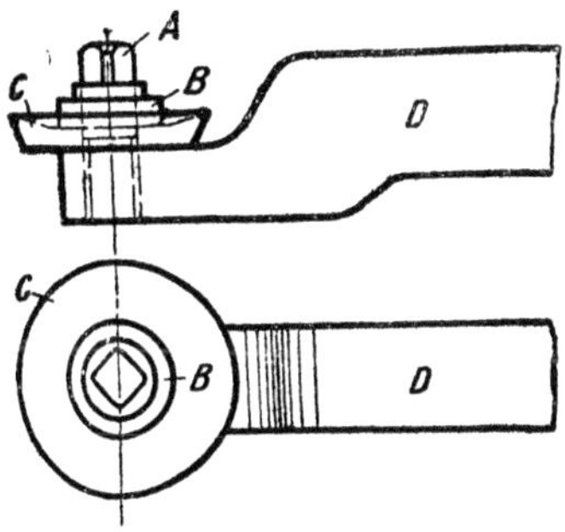

Fig. 234 u. 235. Halter mit Scheibenstahl.

Gleichfalls sehr gut auszunutzen und anwendbar für beliebig große Kreisbogen ist das Messer *e* im Halter *a* Fig. 236 ÷ 239. Das Messer ist der ganzen Breite nach gebogen und wird nur an der Stirnfläche (Brustfläche) nachgeschliffen und mit den Schrauben *c* nachgestellt. Das

Spannen geschieht sehr sicher durch Keil *b* und Schrauben *d*. Da jeder Halter ausschließlich für einen bestimmten Kreisbogen dient und außerdem für die Herstellung des Messers eine besondere Einrichtung erforderlich ist, so kommt der Halter nur für Massenfabrikation in Betracht.

Eine Anordnung von zylindrischen Stählen, wie sie für die Bearbeitung von Hartgußwalzen sich bewährt hat, zeigt Fig. 240 u. 241. Der Rundstahl *B* legt sich gegen den Halter *A* auf dem Support *D*, *C* ist die Walze.

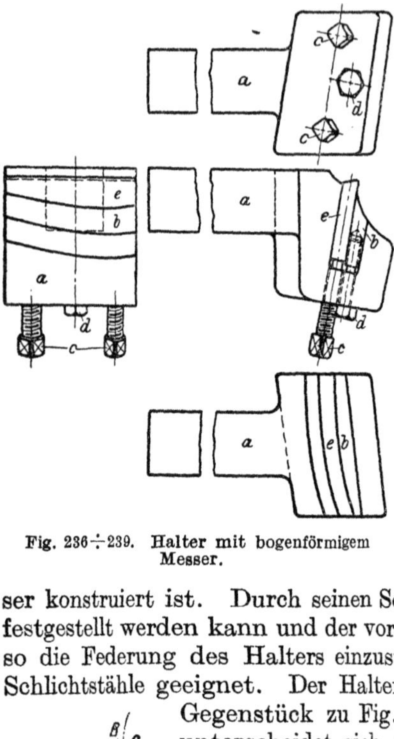

Fig. 236 ÷ 239. Halter mit bogenförmigem Messer.

Fig. 242 ÷ 253 sind 4 verschiedene federnde Stahlhalter, für die dasselbe gilt, was S. 31 über die federnden Schlichtstähle gesagt wurde; nur daß eben der Halter mit der Kröpfung nur einmal angefertigt zu werden braucht und immer wieder neue einfache Stähle aufnehmen kann, so daß die Schwierigkeit seiner Herstellung nicht in Betracht kommt. Der Halter Fig. 242 u. 243 kann in der rechteckigen Bohrung des Kopfes schmalere Stähle für beliebige Formen aufnehmen, während der Halter 244 u. 245 für breitere Messer konstruiert ist. Durch seinen Schaft geht ein Stift, der von hinten festgestellt werden kann und der vorn gegen den Gummipuffer stößt, um so die Federung des Halters einzustellen. Beide Halter sind auch für Schlichtstähle geeignet. Der Halter Fig. 246 u. 247 ist das federnde Gegenstück zu Fig. 234. Der Halter Fig. 248 u. 249 unterscheidet sich von den anderen dadurch, daß die Einsatzmesser (Fig. 250 ÷ 253) durch Kegelstifte befestigt werden, die „auf Anzug" passen, so daß sie die Messer gegen die Wand hinten im Schlitz drücken. Da die Messer außerdem stramm in den Schlitz hineingehen, so sitzen sie sehr gut fest nnd liegen mit Sicherheit gerade.

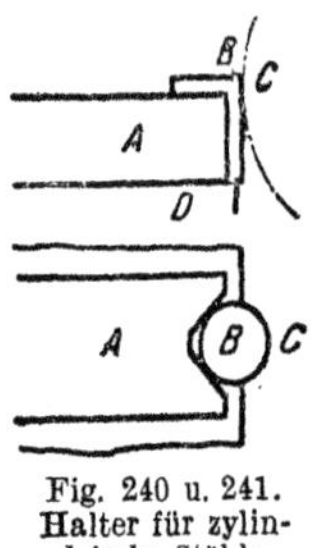

Fig. 240 u. 241. Halter für zylindrische Stähle.

Auf die Halter für die runden und prismatischen Formstähle, die hauptsächlich für Revolverbänke benutzt werden, kann hier nicht eingegangen werden.

Gewindestahlhalter. Sie gehören zu den meist benutzten Haltern, weil die käuflichen Gewindeeinsatzstähle sehr genau und verhältnismäßig billig sind, während andrerseits die Herstellung von vollen Gewindestählen im eigenen Betrieb mühevoll und kostspielig ist, wenn die Schneidenform genau sein soll. Dazu kommt eine Eigenschaft dieser Halter, die gerade beim Gewindeschneiden sehr nützlich ist: man kann die Einsatzstähle herausnehmen, nachschleifen und mühelos so wieder einsetzen, daß sie genau die alte Stellung zum Gewinde bekommen. Der vordere Rückenwinkel der Einsatzstähle ist meist 15°, der vordere Schnittwinkel 90° (s. Fig. 254), die Winkel an den Flanken ergeben sich daraus nach Gl. 3 (Seite 37).

Einer der verbreitetsten Halter ist Fig. 254 u. 255, aus Stahl

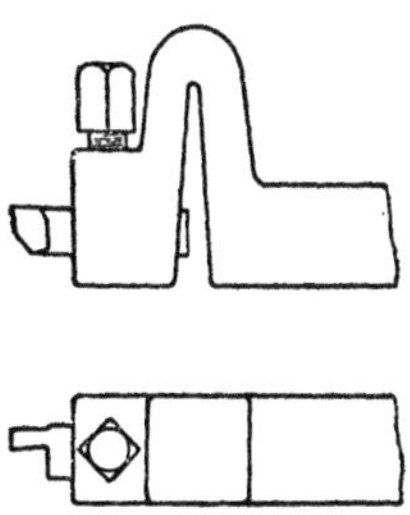

Fig. 242 u. 243.

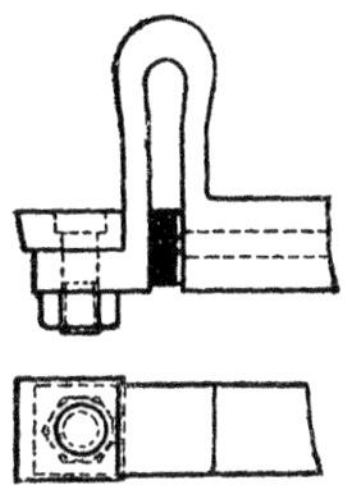

Fig. 244 u. 245.

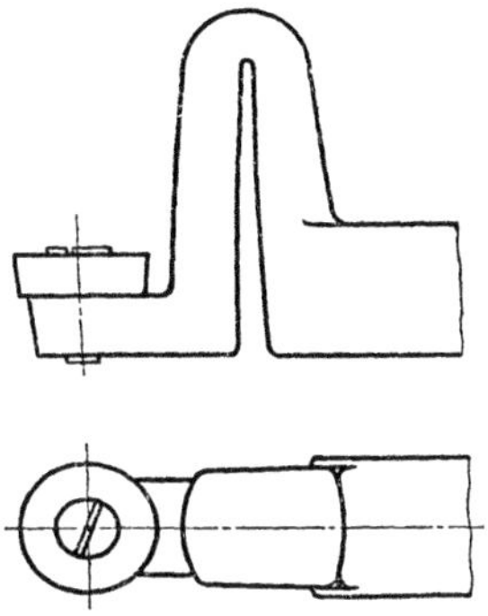

Fig. 246 u. 247.

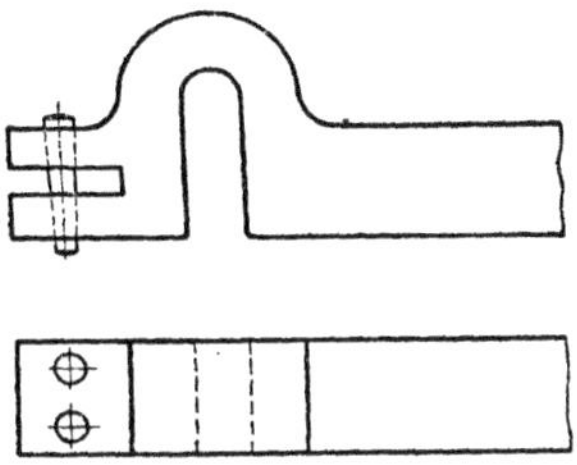

Fig. 248 u. 249.

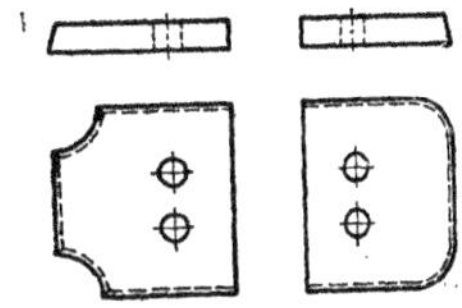

Fig. 250 ÷ 253.

Fig. 242 ÷ 253. Federnde Stahlhalter für Formmesser.

im Gesenk geschmiedet und mit geradem wie rechts und links gekröpftem Schaft im Handel. Der Einsatzstahl wird mit einer Nut von einer angefrästen Feder des Halters schräg gehalten und mit einer Klappe, die sich hinten gegen eine Schraube legt, festgespannt. Eine Stellschraube, die in die Zähne hinten im Einsatzstahl greift, ermöglicht es, diesen in der Höhe genau einzustel-

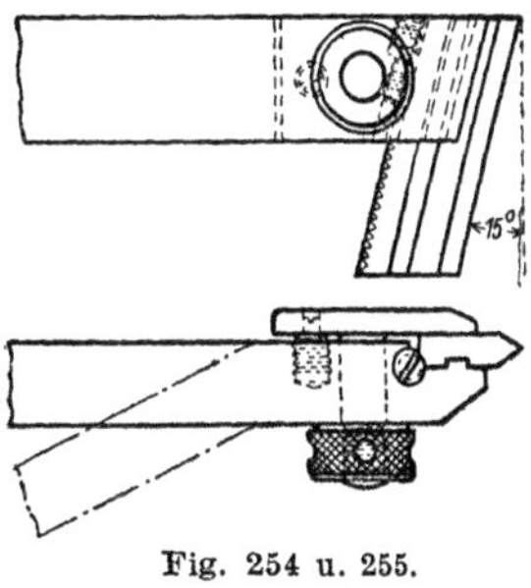

Fig. 254 u. 255.

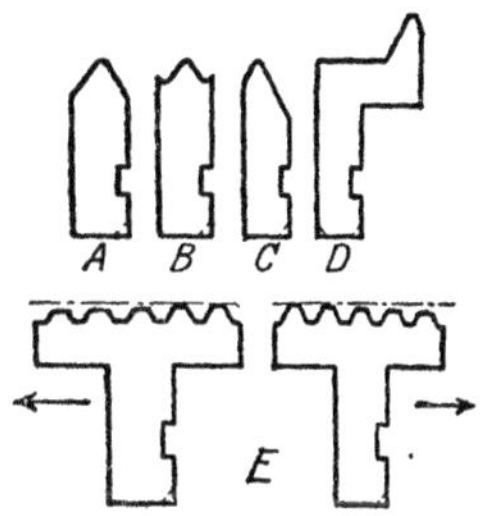

Fig. 256.

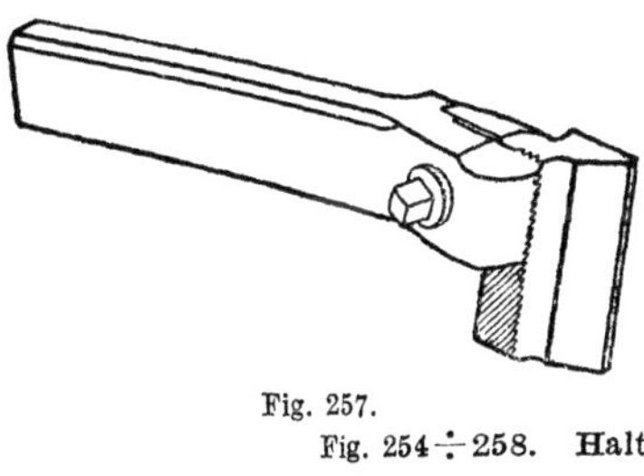

Fig. 257.

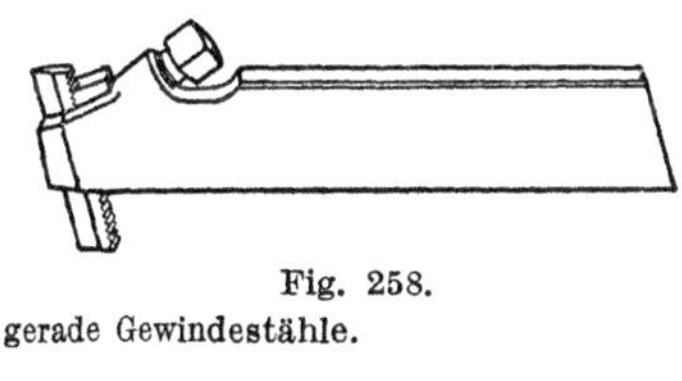

Fig. 258.

Fig. 254 ÷ 258. Halter für gerade Gewindestähle.

len. Einsatzstähle sind für alle normalen Gewinde zu haben in allen Formen (Fig. 256): gerade (*A* u. *B*), einseitig (*C*), gekröpft (*D*), Strehler (*E*).

Ein ähnlicher Halter, bei dem die Höhenstellung des Stahles ohne besondere Schraube durch schräge Zähne im Stahl und Halter geschieht, ist Fig. 257.

Ein ganz einfacher Halter, dessen Konstruktion keiner Erläuterung bedarf, ist Fig. 258. Er ist insofern in seiner Verwendungsmöglichkeit sehr beschränkt, als er nur einfache, einzähnige

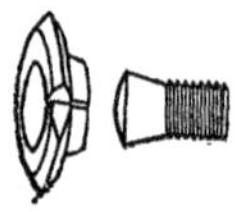

Fig. 259 ÷ 261.

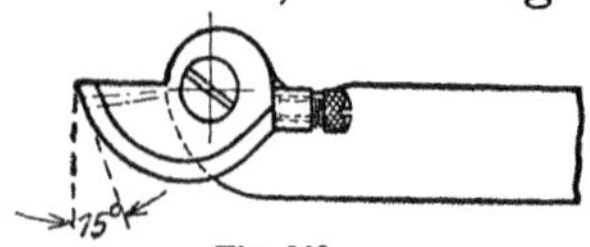

Fig. 262.

Fig. 259 ÷ 262. Halter für runde Gewindestähle.

Stähle ohne Schulter von einem bestimmten Flankenwinkel spannen kann.

Scheibenförmige Stähle haben die Halter 259 ÷ 262. In Fig. 259 wird die Stahlscheibe mit einer Schraube gegen den Halter gespannt; sie ist aufgeschlitzt, damit sie sich kräftig um den konischen Kopf der Schraube preßt und sich beim Schneiden nicht dreht. Die Brustfläche der Schneide darf nicht nach dem Mittelpunkt gehen, sondern muß einige Millimeter darunter gerichtet sein, damit sich gemäß den Ausführungen S. 36 ein Rückenwinkel bildet. Infolgedessen muß in dieser Brustfläche die Gewindeform dem Normalprofil entsprechen, muß also in der durch die Achse gehenden Ebene anders sein. (Näheres über die Herstellung des korrigierten Gewindeprofils siehe Werkstattstechnik 1909, S. 621.)

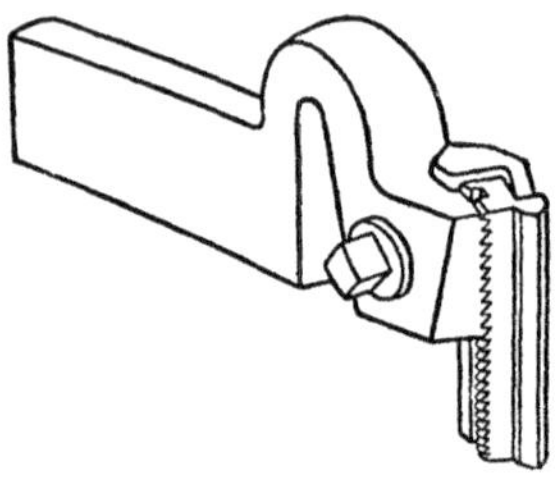

Fig. 263. Federnder Halter mit Gewindestahl.

Beim Halter Fig. 262 wird die Drehung der

Fig. 264 u. 265.

Fig. 267 u. 268.

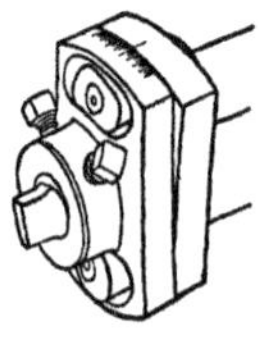

Fig. 266.

Fig. 264 ÷ 268. Halter mit Flachgewindestählen.

Scheibe durch die hintere Schraube verhindert, die in einem Ansatz des Halters sitzt und sich gegen die Scheibe legt. Der Rückenwinkel der Schneide wird dadurch erzielt, daß die Krümmung der Scheibe nicht nach einem Kreisbogen verläuft, sondern (durch Hinterdrehen) nach einer Spirale, die an der Schneide immer einen Winkel von 15° zur

Senkrechten bildet. Infolgedessen kann die Brustfläche auch nach dem Mittelpunkt gerichtet sein und immer wieder dahin geschliffen werden (siehe die punktierten Linien).

Halter Fig. 263 ist das federnde Gegenstück zu Fig. 257.

Fig. 264 ÷ 268 sind Halter für einzähnige Flachgewindestähle. In Fig. 264 u. 265 legt sich der Einsatzstahl gegen einen Absatz: für rechtes Gewinde, wie gezeichnet, am linken Ende, für linkes Gewinde am rechten Ende. Eine Klappe mit länglichem Schlitz, so daß sie sich verschiedenen Breiten des Einsatzstahles anpassen kann, hält den (geradestehenden) Einsatzstahl fest. Bei dem Halter Fig. 266 kann der Stahl in den Steigungswinkel eingestellt werden, da der Kopf, in dem er sitzt, gegen den Halter verdrehbar ist. Fig. 267 u. 268 ist ein sehr einfacher Halter für leichte Schnitte. Der Rundstahl hat vorn den angesetzten Schneidkopf (in Fig. für Trapezgewinde), der durch Drehen des Stahles in jeden Winkel eingestellt werden kann.

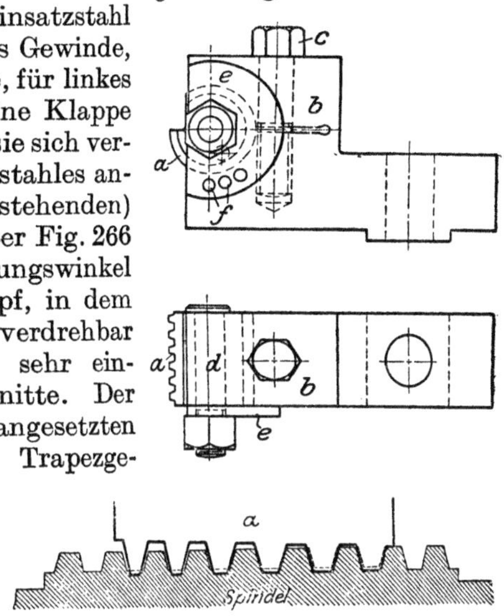

Fig. 269 ÷ 271. Halter mit rundem Gewindestrehler.

Fig. 269 ÷ 272 sind Halter mit mehrzähnigen Rundstählen für Trapezgewinde. Die Rundstähle sind Schnekken vergleichbar, an einer Stelle ausgefräst, um die Schneide zu bilden, was im übrigen genau so geschieht wie bei den Rundstählen Fig. 143. Beide Stähle sollen rechtes Gewinde schneiden und haben daher selbst linkes Gewinde, damit die einander gegenüberliegenden Gänge des Stahlrückens und der Arbeitsfläche möglichst gleiche Richtung bekommen.

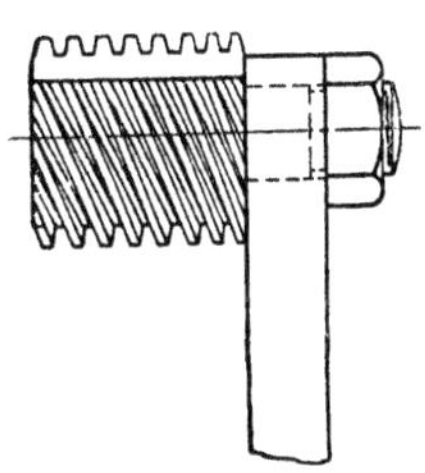
Fig. 272. Halter mit Mehrfachgewindestahl.

Der Stahl *a* (Fig. 269 ÷ 271) ist als Strehler ausgebildet für gewöhnliches eingängiges Gewinde. Zu dem Zwecke ist das Gewinde konisch aufgeschnitten und hinterher am Außendurchmesser zylindrisch abgedreht, so daß die Zahntiefe vom vorderen Zahn bis zum hintersten abnimmt, während die Zahnbreite zunimmt (Fig. 271). Infolgedessen schneiden die vordersten Zähne nur den Grund, während die übrigen um so mehr außen und in den Flanken schneiden, je weiter sie nach hinten liegen; der letzte Zahn hat das volle Profil. Der Halter aus Maschinenstahl ist geschlitzt und hat eine Bohrung, in die der Rundstahl saugend hineinpaßt und in der er durch die Schraube *c* festgeklemmt wird. Damit der Rundstahl sich unter dem Schnittdruck nicht drehen kann, ist durch Schraube *d* die Scheibe *e* angeklemmt, die mit Löchern *f* über einen im Halter festen Stift greift.

Im Gegensatz zu diesem Rundstahl ist der Rundstahl Fig. 272 kein Strehler; seine 8 gleich tiefen und gleich breiten Zähne dienen dazu, die Zahnlücken eines 8gängigen Gewindes zu gleicher Zeit auszuschneiden. Dadurch wird erheblich an Zeit gespart gegenüber einem einzelnen Schneidzahn, außerdem wird eine Teilvorrichtung entbehrlich.

Halter mit fest verbundener Schneide. Diese Art Halter, bei denen ein Stück Werkzeugstahl (fast immer Schnellstahl) auf einen Schaft aus billigem Material (Schweißeisen, Flußeisen oder Maschinenstahl) aufgelötet oder aufgeschweißt wird, bilden eine Klasse für sich. Sie suchen den Vorzug der vollen Stähle: höchste Leistungs- und Widerstandsfähigkeit, mit dem Vorzug der gewöhnlichen Stahlhalter: Materialersparnis, zu vereinigen. Und das ist durch zweckmäßige Ausführung allmählich in solchem Maße gelungen, daß jetzt, da Schnellstahl außerordentlich knapp und teuer ist und Sparen Pflicht und Vorteil zugleich bedeutet, besonders das Aufschweißen fast überall mit großem Erfolg ausgeführt wird. Tatsächlich stehen Leistung und Widerstandskraft der aufgeschweißten Stähle in keiner Weise hinter der der vollen Stähle zurück, ja übertreffen sie zuweilen noch, und die Materialersparnis ist meist größer als bei den Haltern mit losen Einsatzstählen, besonders darum, weil Drehstahlenden, alte Fräser u. dgl. zu geeigneten Plättchen verarbeitet werden können. Voraussetzung für die günstigen Eigenschaften ist allerdings, daß die Schweißung richtig gemacht wird und eine wirkliche metallische Verbindung zustande kommt (s. Seite 104 ff.).

Die große Widerstandsfähigkeit eines gut geschweißten Stahles rührt daher, daß die Schweiße selbst sehr fest ist, so daß auch starke Schläge das Plättchen nicht vom Schaft trennen können und eher das Plättchen reißt als sich loslöst, und daß ferner der Schaft zäh und elastisch ist, viel mehr als bei vollem Schnellstahl. Wenn der Schneidkopf des Vollstahls auf zu große Länge gehärtet wird und beim Schneiden etwas weit über die Auflagefläche vorsteht, bricht er leicht ab, beim Einhaken selbst dann, wenn der Querschnitt verhältnismäßig stark ist; und auch der ungehärtete Schaft bricht öfters, z. B. unter der Spannschraube, wenn die Auflage nicht günstig ist (s. Seite 29). Das gleiche gilt für den Einsatzstahl. Auf solche Weise geht viel Schnellstahl verloren. Der Schaft des aufgeschweißten Stahls wird dagegen kaum je brechen, und tut er es, ist der Verlust gering. Das Material für den Schaft kann man nach der Beanspruchung mehr oder weniger hart und fest nehmen, wobei allerdings zu berücksichtigen ist, daß mit zunehmender Festigkeit die Dehnung und Zähigkeit von Flußstahl abnimmt und auch die Schweißfähigkeit.

Die hohe Leistungsfähigkeit der aufgeschweißten Stähle erklärt sich 1. daraus, daß die dünnen Plättchen sich leichter gut härten lassen und ganz durchhärten und 2. aus der besseren Wärmeleitung. Diese wiederum erklärt sich so: der Schaft als unlegiertes Eisen leitet die Wärme besser als Schnellstahl, und die Schweiße ist kein Hindernis, wenn sie gut ist, d. h. eine wirkliche metallische Verbindung ergibt. Ist die Schweiße hingegen schlecht, so widersteht sie stärkeren Beanspruchungen nicht, und wegen der Wärmestauung an der Schweißstelle wird die Schneide schneller stumpf.

Bei der Beurteilung der Wirtschaftlichkeit der aufgeschweißten Stähle im Vergleich zu den Haltern mit Einsatzstählen und manchen Voll-

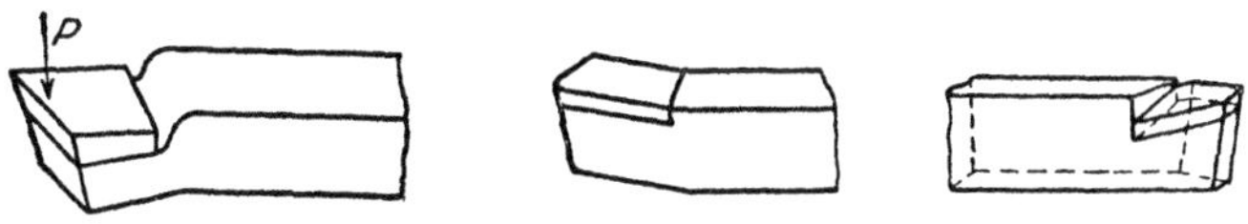

Fig. 273 ÷ 275. Schruppstähle mit aufgeschweißten gleichstarken, schrägliegenden Schnellstahlplättchen.

stählen ist nicht außer acht zu lassen, daß das Aufschweißen ziemlich kostspielig ist, wenigstens dann, wenn keine besonderen Einrichtungen und eingeübten Leute vorhanden sind. Die höheren Kosten für die Anfertigung werden durch die Materialersparnis aber um so mehr aufgewogen, je teurer der Schnellstahl ist oder je mehr Schnellstahlabfallstücke zum Aufschweißen zur Verfügung stehen.

Fig. 276. Schruppstahl mit keilförmigem Schnellstahlplättchen.

Weiter aber ist auf die Dauer das Aufschweißen viel leichter mit angelernten Leuten durchzuführen als die Zurichtung (besonders Schmieden und Härten) der Vollstähle, und der Schnellstahl wird beim Schweißen weniger leicht verdorben.

Ausführungsformen. Lage und Form der Schnellstahlplättchen müssen so gewählt werden, daß die Plättchen möglichst gut ausgenutzt werden können. Dazu ist nötig, daß der Brustwinkel (oder Rückenwinkel) von vornherein sich durch die Lage ergibt und nicht erst durch Ausschleifen aus dem vollen gewonnen werden muß. Das kann auf zweierlei Weise geschehen: entweder indem ein gleichstarkes Plättchen auf eine schräge Fläche aufgeschweißt wird,

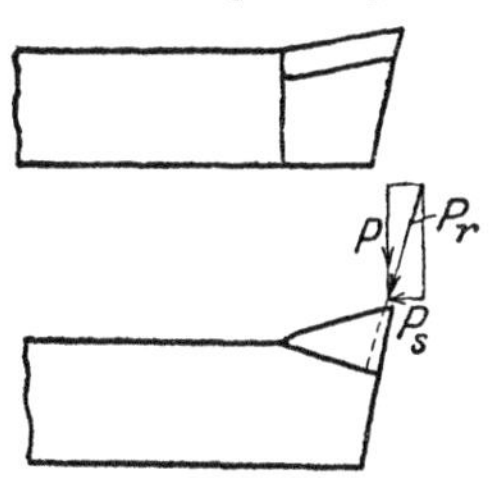

Fig. 277 u. 278. Stechstähle mit aufgeschweißten Schnellstahlplättchen.

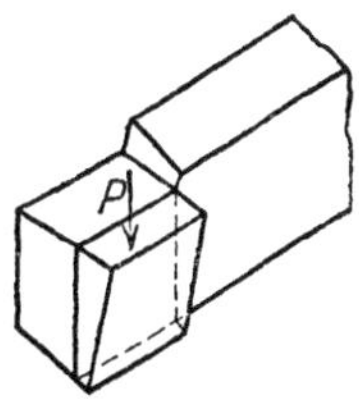

Fig. 279. Seitenstahl mit aufgeschweißtem Schnellstahlplättchen.

wie bei den Schruppstählen Fig. 273 ÷ 275 und beim Stechstahl Fig. 277, oder indem ein keilförmiges Plättchen auf eine gerade Fläche geschweißt wird, wie beim Schruppstahl Fig. 276, beim Stechstahl Fig. 278 oder — für den Rückenwinkel — beim Seitenstahl Fig. 279. Die keilförmigen Stücke müssen natürlich, um kein Material zu vergeuden, durch schräges Zersägen erhalten werden. Dabei ist es zweckmäßig, die Schräge größer zu nehmen, als Brust- bzw. Rückenwinkel sein sollen, damit sich eine kleine, wenn auch allmählich wachsende, Schleiffläche ergibt.

Die Schweißfläche (und Lötfläche) wird im allgemeinen so gelegt, daß sie ungefähr senkrecht zum Schnittdruck P kommt, damit der Schaft den Schnittdruck aufnimmt und die Schweiße nicht auf Abscheren beansprucht wird (Fig. 273 ÷ 277). Beim Abstechstahl (Fig. 278) hat man sogar die Auflagefläche am Halter etwas abgeschrägt, damit sie senkrecht zum resultierenden Druck liegt. Vielfach liegt auch die hintere schmale Seite am Halter an (Fig. 274 u. 275), doch ist das nur bei schmalen Schweißflächen nötig. Daß aber die Schweißfläche, wenn sie nur genügend groß und gut geschweißt ist, auch parallel zum Schnittdruck liegen und den Schub aufnehmen kann, zeigt der Seitenstahl Fig. 279 und der Formstahl Fig. 281.

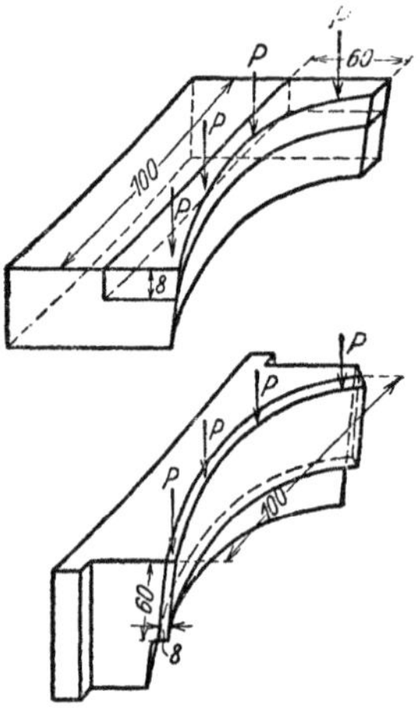

Fig. 280 u. 281. Formstähle mit aufgeschweißtem Schnellstahl.

Die Formstähle Fig. 280 u. 281 sind für die gleiche Arbeit und werden beide nur an der wagerechten Brustfläche geschliffen. Das flache Stück Schnellstahl in Fig. 280 ist hinten schräg, der Kurvenform sich anpassend, abgeschnitten, um Material zu sparen. Die Form ist in der meist üblichen Weise in die Schmalseite eingearbeitet, die untere flache Seite ist aufgeschweißt, die obere wird geschliffen. In Fig. 281 dagegen ist das breite, dünne Stück so gebogen, daß die breite Seite die Form gibt und die schmale geschliffen wird. Das ist natürlich nur bei allereinfachsten Formen möglich, hat dann aber den Vorteil, daß das Material viel besser ausgenutzt wird. Nimmt man z. B. an, daß in beiden Fällen ein Stück Schnellstahl von den Abmessungen $8 \times 60 \times 100$ cbmm verwendet ist, daß in Fig. 280 dieses Stück bis auf 1 mm Höhe, in Fig. 281 nur bis auf 20 mm Höhe abgeschliffen werden kann, so ergibt sich im ersten Fall eine nutzbare Abschliffhöhe von 7 mm, im zweiten Fall von 40 mm. — Die Ausführung Fig. 281 hat aber, wenn sie möglich ist, das gegen sich, daß sie besondere, nicht billige Werkzeuge zur Herstellung verlangt und einen besonderen Halter zum Einspannen; sie kommt daher nur für die Massenfertigung in Betracht.

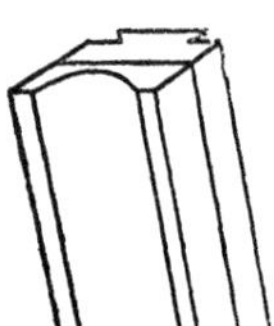

Fig. 282. Prismatischer Formstahl mit aufgeschweißtem Schnellstahl.

In Fig. 282 endlich ist bei dem geraden prismatischen Formstahl Fig. 144 der vordere Teil aus Schnellstahl aufgeschweißt. (Weiteres siehe im Kapitel „Herstellung“.)

III. Stähle zum Innendrehen (Ausdrehen).

1. Bohrstähle.

Zum Ausdrehen vorgegossener oder mittels Flachbohrer, Spiralbohrer usw. vorgebohrter Löcher finden Bohrstähle Verwendung, für deren Schneidenbildung dieselben Gesichtspunkte maßgebend sind wie für die Stähle zum Außendrehen. Durch die besondere Arbeitsweise kommen allerdings noch einige neue Gesichtspunkte hinzu.

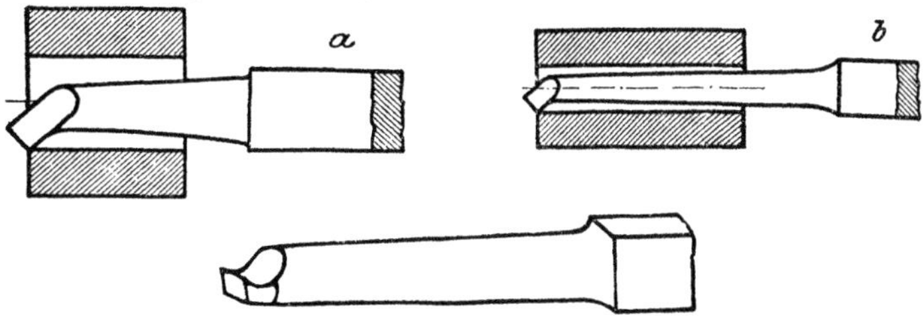

Fig. 283 ÷ 285. Bohrstähle mit rechteckigem Schaft.

Äußere Form. Die äußere Form der Bohrstähle unterscheidet sich wesentlich von der der Außenstähle. Der Schneidkopf der Bohrstähle ist meist vom Schaft abgekröpft, der Schaft selbst verhältnismäßig lang und dünn, da er sich nach dem Durchmesser und der Länge der Bohrung richten muß (Fig. 283 ÷ 285). Er muß aber nicht nur mit der Schneide bequem in die Bohrung hineingehen, sondern auch noch genügend Raum für die Späne lassen, was besonders wichtig für zähes Material ist, das lange Spanlocken bildet. Infolge der dadurch bedingten, oft ungünstigen Form müssen Vorschub und Spantiefe der Bohrstähle meist verhältnismäßig klein sein. Durchbiegung und Erzittern unter dem Schneiddruck sind um so größer, je länger und dünner der Schaft ist; denn die Momente $P \times l$ und $P_s \times l$ wachsen mit l (Fig. 286), während das Widerstandsmoment mit dem Querschnitt abnimmt. (Das Moment von P_v kann vernachlässigt werden.)

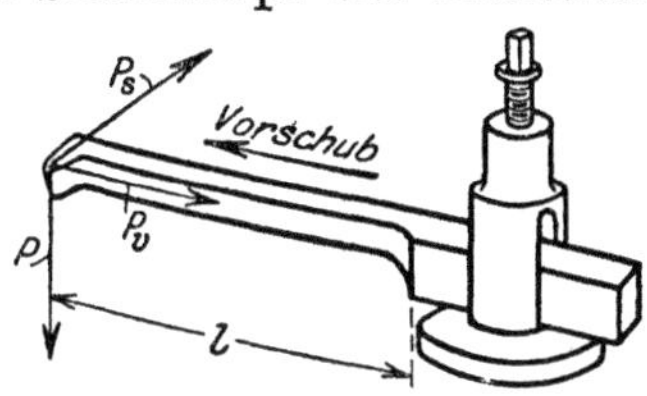

Fig. 286. Kräfte am Bohrstahl.

Fig. 287. Bohrstahl mit zylindrischem Schaft.

Der Querschnitt des Schaftes ist meist rechteckig. Vorn wird er öfters rund ausgeschmiedet, nach dem Schneidkopf hin etwas verjüngt, und der Schneidkopf selbst wird gebogen und flach abgesetzt (Fig. 283 ÷ 285). Man läßt auch wohl den Schaft bis vorn hin eckig und bildet die Nase nur durch Kröpfen. Auch zylindrische Schäfte werden benutzt (Fig. 287). Sie haben den Vorteil, daß sie nur sehr geringe Schmiedearbeit nötig haben und in der Einspannung beliebig gedreht werden können, dagegen den Nachteil, daß sie eine besondere Aufnahme zum Einspannen brauchen und weniger starr sind.

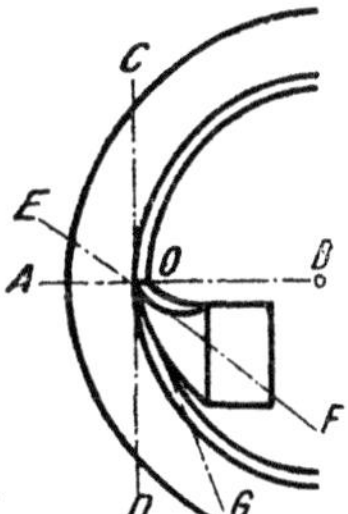

Fig. 288. Winkel an der Schneide.

Stellung. Meistens stellt man die Schneide in Höhe der Drehachse (Fig. 288). Ist CD die Tangente an die Arbeitsfläche, OG an die Rückenfläche, OF an die Brustfläche, und läuft AB radial, so ist DOF der Schnittwinkel, DOG der Anstell- oder Rückenwinkel und BOF der Span- oder Brustwinkel.

Stellt man die Schneide tiefer oder höher (Fig. 289 ÷ 291), so ist der Einfluß auf die Schneidwinkel umgekehrt wie beim Stahl zum Außen-

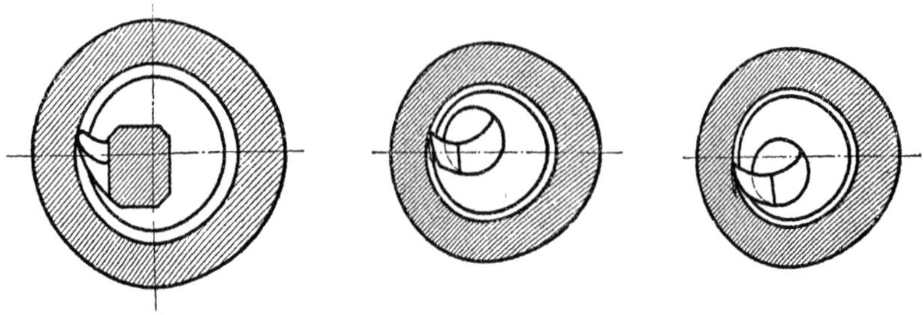

Fig. 289 ÷ 291. Stellung des Bohrstahls zur Drehachse.

drehen (siehe Fig. 56 ÷ 58). Weiter hat die Höhenstellung einen Einfluß auf das Einhaken der Schneide ins Material: Stehen Bohrstahl und Schneide über der Achse, so führt elastisches Ausweichen nach unten die Schneide aus dem Material heraus (Fig. 290) und umgekehrt hinein in's Material, wenn Stahl und Schneide tiefer stehen (Fig. 291).

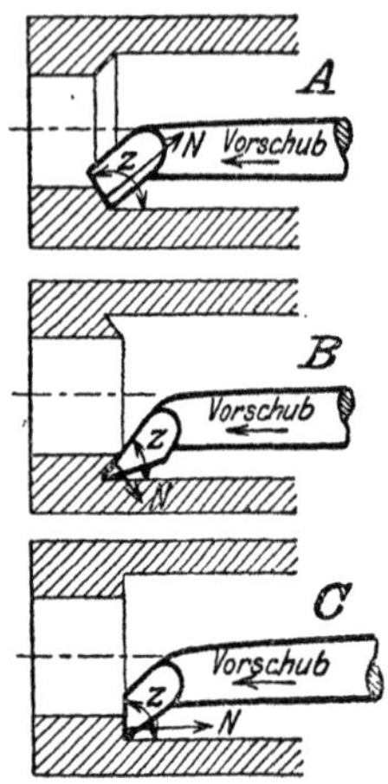

Fig. 292 ÷ 294. Schneidenformen der Bohrstähle.

Form der Schneide. Von den drei Schneidenformen (Fig. 292 ÷ 294) ist im allgemeinen, vor allem für durchgehende Bohrungen, die Form *A* vorzuziehen, aus den gleichen Gründen, aus denen Fig. 18 vor Fig. 20 vorzuziehen ist: das Moment der senkrecht zur Schneide angreifenden Kraft *N* vermindert die Gefahr des Einhakens, der Span kann gut abfließen, und die Wärme wird von der Spitze mit großem Winkel leicht abgeleitet. Demgegenüber hakt die Schneide Form *B* leichter ein, und Span- und Wärmeabfluß sind ungünstiger (entsprechend wie in Fig. 20). Sie findet nur in besonderen Fällen Verwendung, hat dann aber mehrere Vorzüge: sie kann erstens bis scharf in eine Ecke drehen

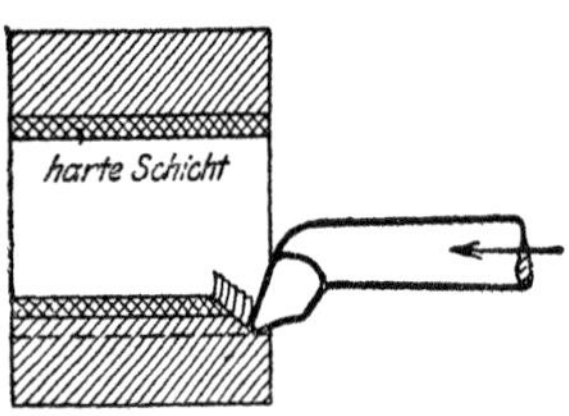

Fig. 295. Abspringen der Gußhaut.

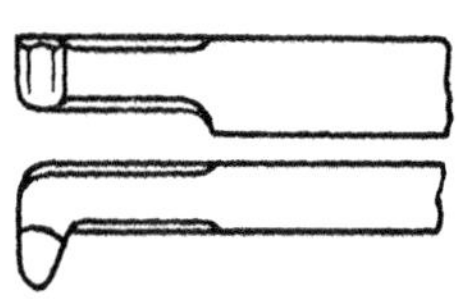

Fig. 296 u. 297. Bohrstahl mit gebogener Schneide.

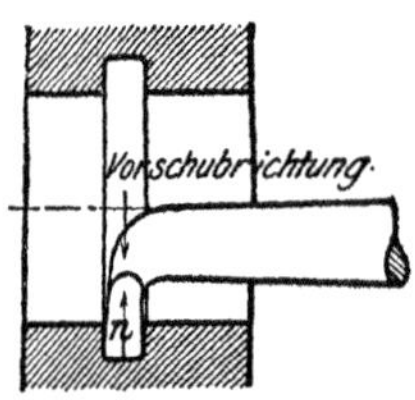

Fig. 298. Haken- und Hinterstechstahl.

und dann unmittelbar die anschließende Planfläche hochziehen; sie hat ferner für vorgegossene Bohrungen mit harter oberer Schicht (Gußhaut) das Gute, daß sie die Schneide vor der Berührung mit dieser harten Schicht schützt, da diese bei der Spanbildung vorher abgesprengt wird (Fig. 295). Der Bohrstahl Form *C* wird meist nur benutzt, wie der Stahl Fig. 51, wenn es nötig ist, eine Stirnfläche gleich mit senkrecht anzuschneiden.

An Stelle der geraden Schneide benutzt man auch die gebogene Schneide (Fig. 296 u. 297). Ist die Rundung breit, können solche Stähle gut zum Nachschlichten dienen. Häufig wird das Nachschlichten und das Kalibrieren für nicht allzu große Bohrungen der Reibahle überlassen.

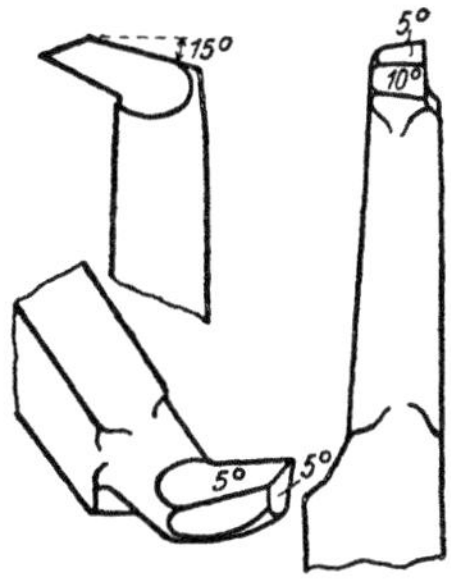

Fig. 299 ÷ 301. Stahl für Innengewinde.

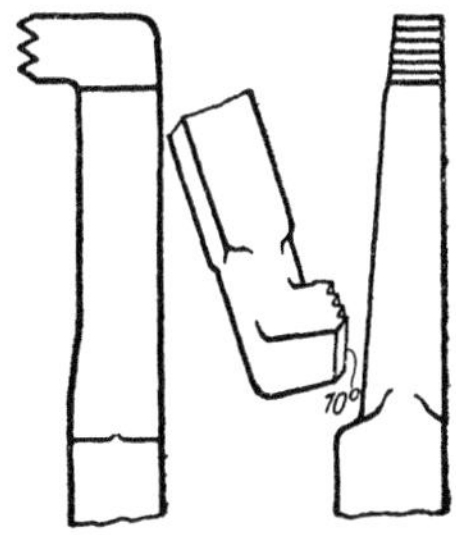

Fig. 302 ÷ 304. Strehler für Innengewinde.

Der Hakenstahl Fig. 298 dient zum Einstechen und Hinterstechen. Er verlangt sehr vorsichtiges Arbeiten, da alle Schnittkräfte senkrecht zum Schaft stehen, so daß er leicht federt.

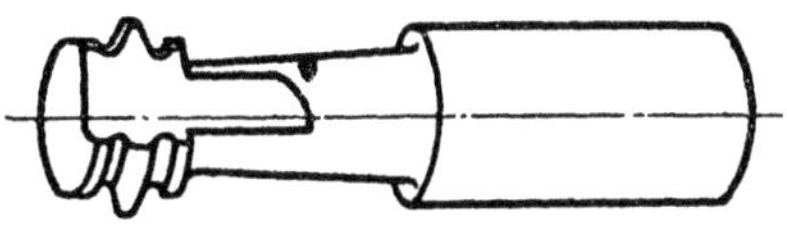

Fig. 305. Runder Innengewindestahl.

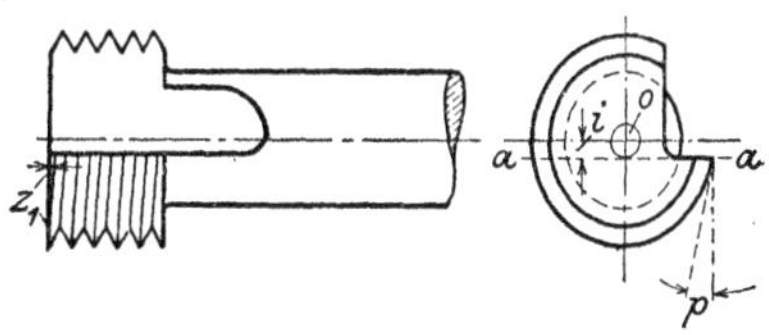

Fig. 306 u. 307. Runder Innengewindestrehler.

Gewindestähle. Sie sind die einzige Art von Formstählen, die für Innendreharbeiten viel verwendet werden. Zu dem, was früher über die Schneidenform der Stähle für Außengewinde gesagt ist, ist für Innenstähle nichts hinzuzufügen. Auch für ihre Stellung zum Gewinde gilt das gleiche: sie müssen genau in Höhe der Drehachse und gerade stehen. Fig. 299 ÷ 301 ist ein einzähniger Stahl, Fig. 302 ÷ 304 ein Strehler.

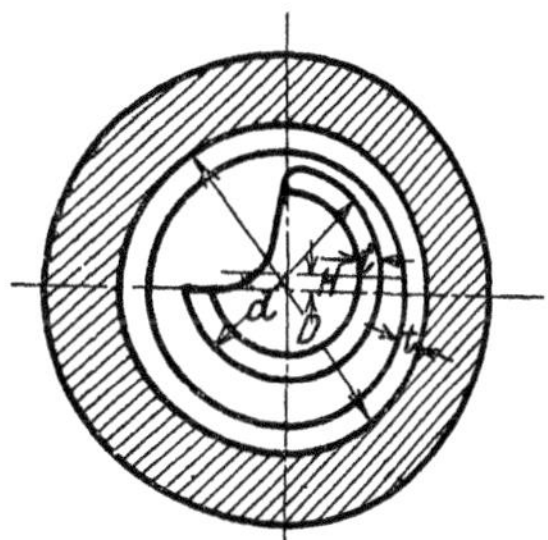

Fig. 308. Runder Innengewindestahl.

Für Schulterstähle und Strehler werden vielfach runde Stahlformen benutzt, weil sie sehr leicht (auf der Drehbank) herzustellen sind und sich der Bohrung gut anpassen (Fig. 305 ÷ 308). Allerdings können sie nicht ohne weiteres in den Support eingespannt werden, sondern verlangen eine besondere Aufnahme (siehe weiter unten). Die Gewindeform wird auf den vollen, zylindrischen Kopf aufgeschnitten, und zwar bei dem Strehler als fortlaufendes Gewinde. Die Schneide wird hinterher dann durch Ausfräsen gebildet. Um einen Rückenwinkel zu bekommen, läßt man, ebenso wie bei runden Formstählen, die Ebene *a a* der Brustfläche (Fig. **306** u. **307**) nicht durch den Mittelpunkt *o* gehen, sondern um das Maß *i* tiefer liegen, d. h. tangential an einen Kreis von 2 *i* Durchmesser. Über Form und Herstellung gilt dasselbe, was Seite 56 bei den runden Gewindestählen zum Außenschneiden gesagt wurde. Ebenso ist's mit dem Gewinde, das auf die Strehler aufgeschnitten wird: es ist links für Arbeitsstücke mit rechtem Gewinde, rechts für solche mit linkem. Auf die Weise wird die Richtung der Gewindegänge beim schneidenden Stahl und der Arbeitsfläche einigermaßen übereinstimmen. Gleich kann sie für gewöhnlich nicht werden; denn der Durchmesser *d* des Kopfes der runden Stähle muß immer um etwas mehr als das Maß *i* kleiner sein als der Kerndurchmesser des zu schneidenden Gewindes (Fig. 308). Daraus folgt, daß der Steigungswinkel z_1 des Gewindes am Strehlerkopf immer größer ist als der Steigungswinkel z des zu schneidenden Gewindes, da die Steigung die gleiche ist. Das läßt sich ohne weiteres aus der Fig. 309 erkennen, in der Strecke $c\,d$ = der Steigung ist, Strecke $b\,c$ = dem Durchmesser des Strehlerkopfes, Strecke $a\,c$ = dem Durchmesser des zu schneidenden Gewindes.

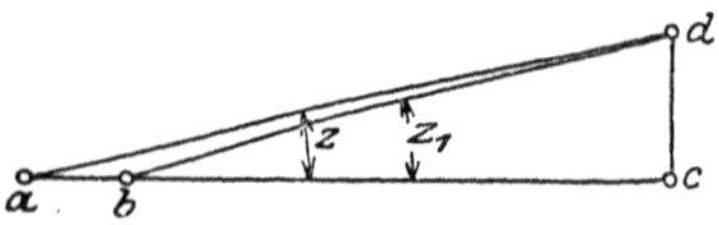

Fig. 309. Steigung der Innengewinde und Strehler.

Der Unterschied dieser Steigungswinkel ist zuweilen recht bedeutend, da man möglichst denselben Strehler für Gewinde verschiedener Durchmesser zu benutzen sucht und besonders bei sehr großen Gewinden den Strehler mit Rücksicht auf die Kosten viel kleiner hält, als die Konstruktion es verlangt. Infolgedessen kann es vorkommen, daß, aus früher angegebenen Gründen (siehe Seite 41), die Schnittwinkel an den vorderen Flanken des Strehlers erheblich größer als 90° werden, also sehr ungünstig, und an den hinteren Flanken wesentlich kleiner als 90°, also auch nicht günstig. In solchen Fällen ist es vorteilhafter, den Strehlerkopf nicht aus Gewindegängen, sondern aus Parallelringen bestehen zu lassen (Fig. 310 u. 311), wenn auch ihre Herstellung schwieriger ist. Solcher Strehler entspricht dann ganz dem Strehler Fig. 302. Möglich ist es auch, dem Strehler trotz des kleineren Durchmessers denselben Steigungswinkel zu geben wie dem zu schneidenden Gewinde, indem man auf den Kopf des Strehlers Gewinde von diesem Steigungs**winkel** schneidet, ohne Rücksicht auf die Steigung an sich, die dadurch kleiner wird als die des Innengewindes. Das geschieht praktisch in der Weise, daß man zunächst aus dem zylindrischen Kopf die Lücke ausfräst (Fig. 312 u. 313) und dann das Gewinde nicht fortlaufend schneidet, sondern nur den Teil eines Ganges von der Kante *c*

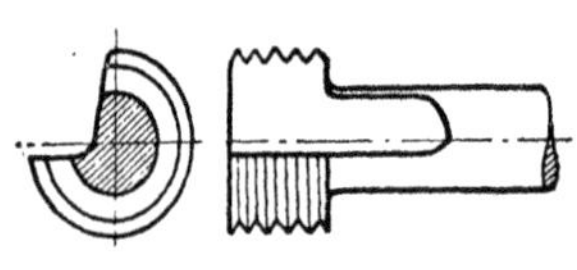
Fig. 310 u. 311. Innenstrehler mit parallelen Zähnen.

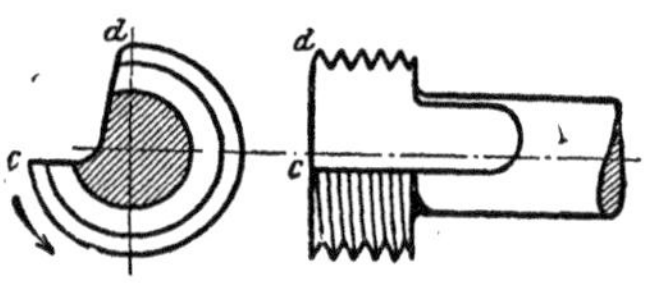

Fig. 312 u. 313. Innenstrehler mit beliebigem Steigungswinkel.

in der Pfeilrichtung bis zur Kante *d* und neben diesen Gang, genau im Abstand der Steigung des zu schneidenden Gewindes, einen zweiten Gang setzt, daneben einen dritten Gang usw. Auf diese Weise erhält man einen Strehler, der tatsächlich denselben Steigungswinkel haben kann wie das zu schneidende Gewinde und dessen Teilung gleich der Steigung dieses Gewindes ist.

Erwähnt sei, daß das Schneiden von Innengewinde mit dem Stahl für Durchmesser unter etwa 80 mm vielfach nur als Vorarbeit dient und das Fertigschneiden oder Kalibrieren mit einem Gewindebohrer geschieht, der leichter als der Stahl den genauen Durchmesser gibt.

2. Bohrstangen.

Fast noch wichtiger als für Außendrehstähle ist für Stähle zum Innendrehen die Verwendung besonderer Halter, Bohrstangen genannt, aus billigem Material mit eingesetzten Messern aus Werkzeugstahl. Denn die meist großen Längen der Bohrstähle bedeuten eine große Materialverschwendung, und ihre Formen bedingen eine geringe Ausnutzung. Daher werden denn Bohrstangen auch sehr häufig verwendet. Am wenigsten noch für enge Bohrungen, weil für diese die Einsatzstähle mit ihren Befestigungen in der Stange sehr schwach werden. Für größere Bohrungen hingegen haben die Bohrstangen fast nur Vorteile, und die Einwendungen, die früher (Seite 46) gegen die Halter gemacht werden mußten, gelten für die Bohrstangen weniger.

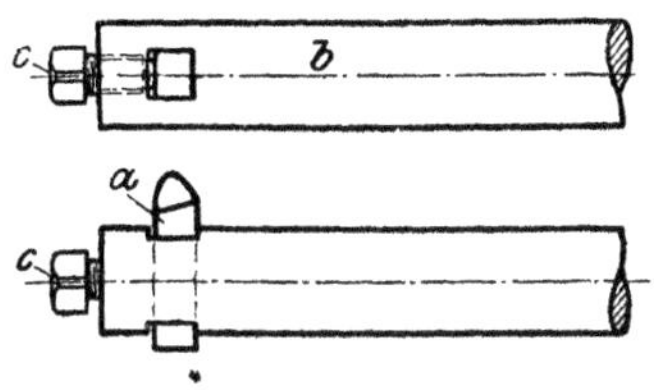

Fig. 314 u. 315. Bohrstange mit Vierkantstahl.

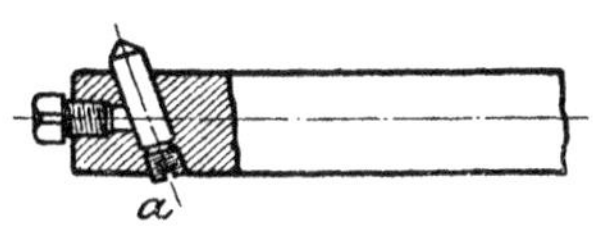

Fig. 316. Bohrstange mit schrägem Einsatzstahl.

Ausführungsformen. Eine einfache, doch gute und häufig benutzte Form einer Bohrstange ist Fig. 314 u. 315. Ein vierkantiger oder auch runder Einsatzstahl *a* wird in einem entsprechenden Loch der Stange *b* (aus Flußeisen oder Maschinenstahl) durch die Schraube *c* festgeklemmt. In Fig. 316 liegt der Einsatzstahl schräg, und die vordere Schraube spannt ihn durch Vermittlung eines abgeschrägten Druckputzens; ferner ist der Einsatzstahl durch die Stellschraube *a* einzustellen. Das ist an und für sich durchaus zweckmäßig, nur wird in der Werkstatt diese Stellschraube meist schnell zerstört oder verloren.

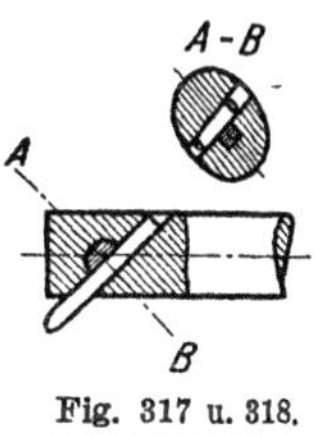

Fig. 317 u. 318.

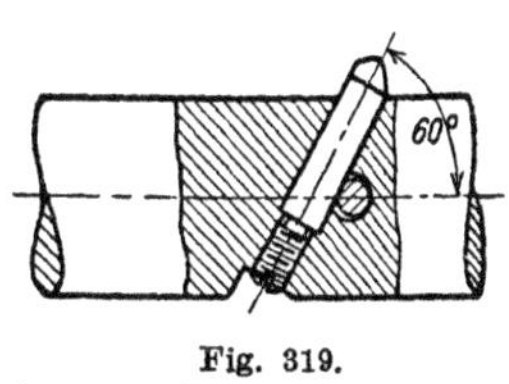

Fig. 319.

Fig. 317 ÷ 319. Bohrstangen mit Keilbefestigung.

In Fig. 317 u. 318 wird der Stahl durch Keil statt Schraube festgespannt, eine Konstruktion, die besonders zweckmäßig ist, wenn die Bohrstange durchgeht und eine Schraube stören würde (Fig. 319). In Fig. 320 wird der Einsatzstahl durch den langen Stift *a* im Innern der Bohrstange *b* mittels der Schraube *c* festgespannt. Dem Vorteil dieser Konstruktion, daß die Befestigung vom hinteren freien Ende ausgeht, infolgedessen leicht zugänglich ist und vorn nicht stört, steht der Nachteil gegenüber, daß der Vorschubdruck auf die Befestigungsschraube kommt,

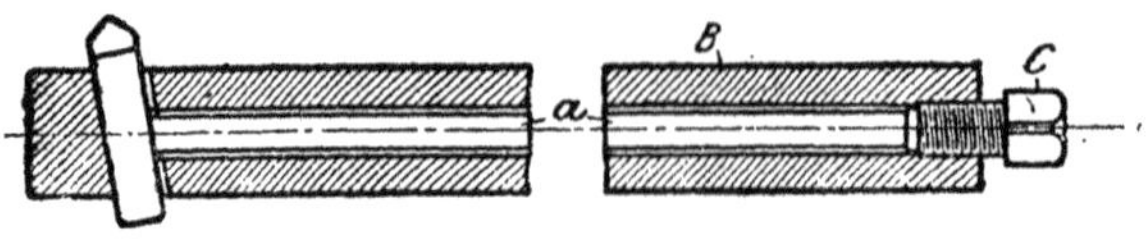

Fig. 320. Bohrstange mit Spannschraube hinten.

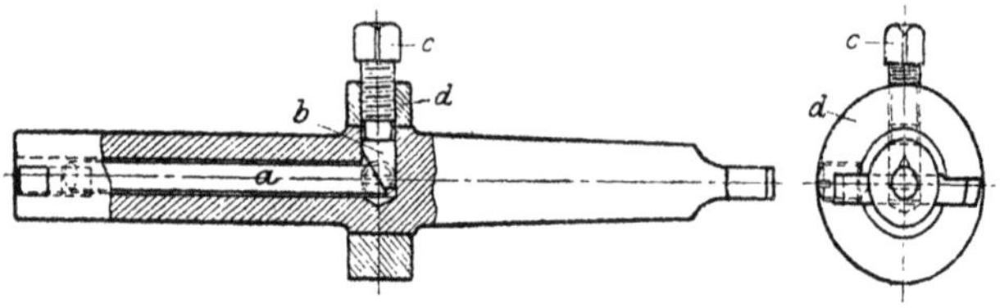

Fig. 321 u. 322. Bohrstange mit Spannschraube in der Mitte.

während er in Fig. 314 ÷ 319 von der Stange unmittelbar aufgenommen wird. Eine ähnliche Konstruktion ist Fig. 321 u. 322. Dadurch, daß die Feststellvorrichtung — bestehend aus den abgeschrägten Stiften *a* u. *b* der Spannschraube *c* und dem Ring *d* — zwar außerhalb des Bohrbereiches, doch nicht am hinteren Ende sitzt, ergeben sich die gleichen Vorteile wie in Fig. 320 und dazu noch die Möglichkeit, die Stange mit dem hinteren Konus in der Reitstockpinole

Fig. 323. Bohrstange für durchgehende Löcher.

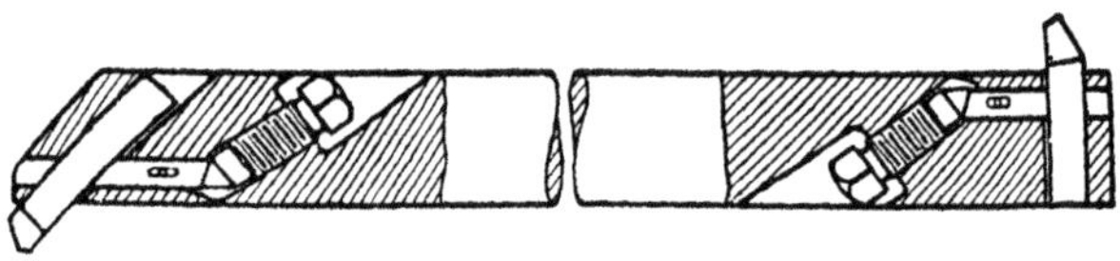

Fig. 324. Zweiseitige Bohrstange.

od. dgl. bequem festzuhalten. Die Bohrstangen Fig. 314 ÷ 316 sind nur für durchgehende Löcher zu brauchen oder für Sacklöcher doch nur für den oberen Teil, weil sonst die Befestigungsschraube oder die Stange im Grunde aufstößt. Diese Beschränkung der Verwendbarkeit fällt fort, wenn der Stahl schräg liegt und seine Schneide in der Schnittrichtung am weitesten vorsteht, wie in Fig. 317 u. 323. In Fig. 324 wird der Einsatzstahl von innen gehalten durch Druckputzen und Schraube. Auf der einen Seite der Stange liegt der

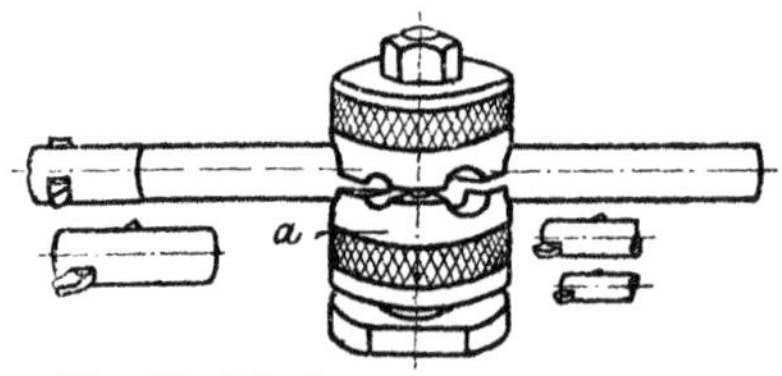

Fig. 325. Bohrstange mit auswechselbaren Köpfen.

Einsatzstahl unter 45°, auf der anderen unter 90°. Die Stange in Fig. 325 hat auswechselbare Köpfe.

Zur Aufnahme von Gewindestählen sind die beschriebenen Bohr-

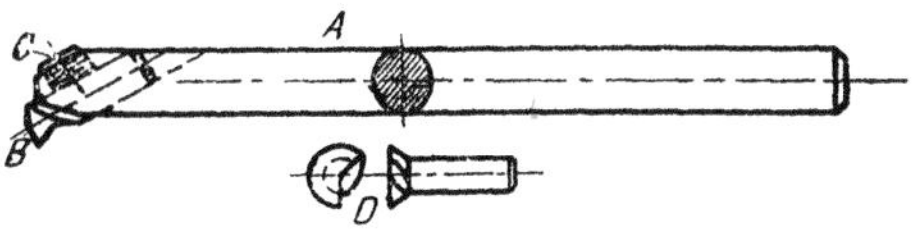

Fig. 326. Bohrstange mit Gewindestählen.

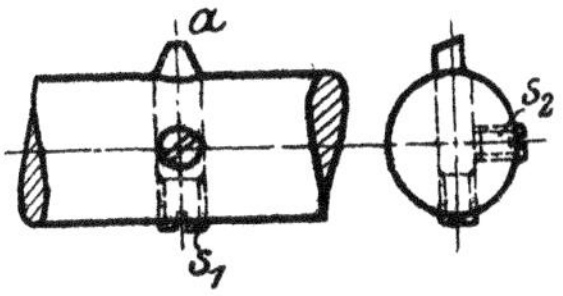

Fig. 327 u. 328. Bohrstange mit Trapezgewindestahl.

stangen mehr oder weniger auch geeignet. Eine besonders für diesen Zweck konstruierte Bohrstange zeigt Fig. 326. In die runde Stange *A*

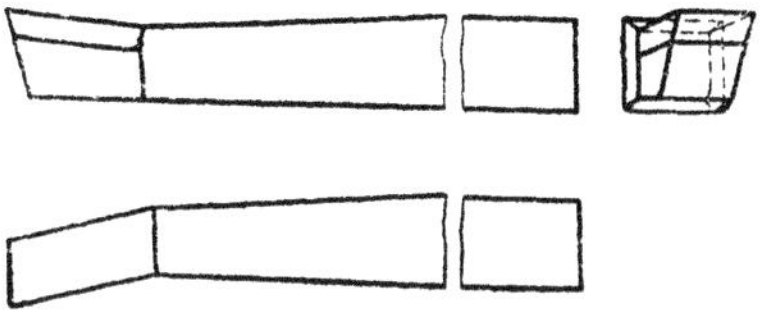

Fig. 329 ÷ 331. Bohrstahl mit aufgeschweißtem Schnellstahl.

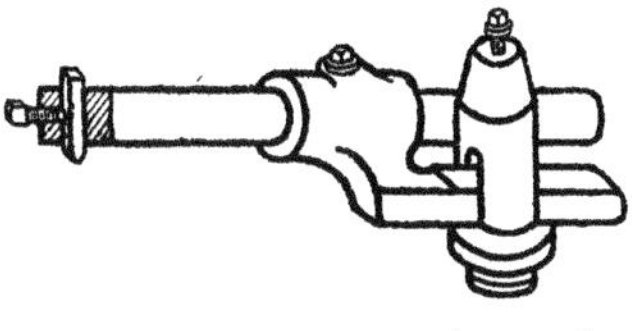

Fig. 332. Runde Bohrstange mit Aufnahme.

ist der Stahl *B* durch die Feingewindeschraube *C* festgespannt. *B* ist rund und kann deshalb, falls es verlangt wird, in den Steigungswinkel eingestellt werden. *D* ist ein anders konstruierter Gewindestahl: der Schaft ist zylindrisch und wird ebenso wie *B* befestigt, der Kopf ist als runder Scheibenstahl ausgeführt (siehe Fig. 262), so daß er oft

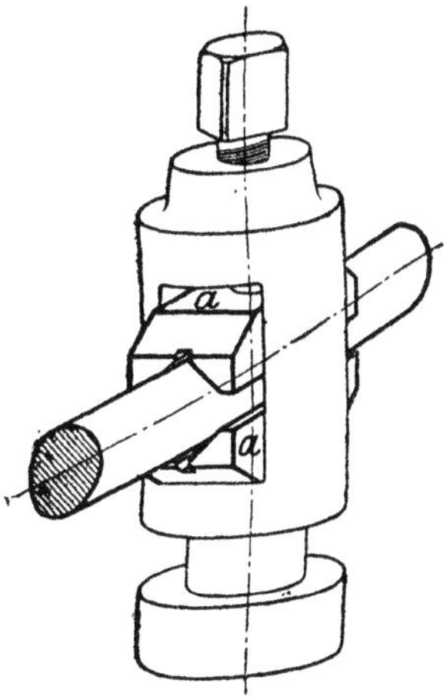

Fig. 333. Bohrstangenaufnahme für rundes Stichelhaus.

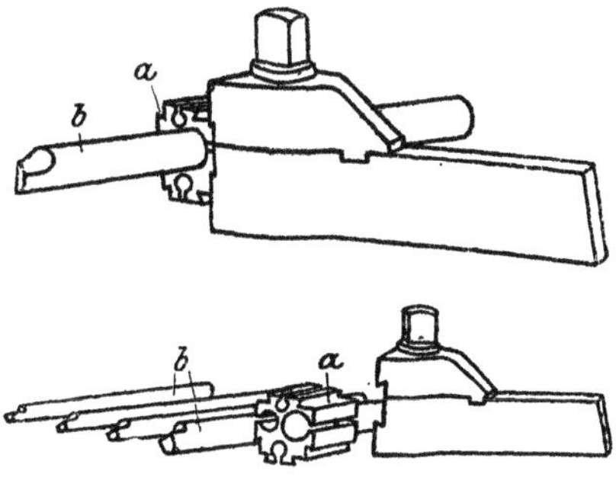

Fig. 334 u. 335. Aufnahme und Halter für runde Werkzeuge.

nachgeschliffen werden kann, ohne daß die Form sich ändert.

Fig. 327 u. 328 zeigen eine Bohrstange mit Trapezgewindestahl, der mit der hinteren Schraube eingestellt und mit der oberen Schraube festgespannt wird.

Auch für Bohrstähle werden Schnellstahlschneiden auf Schäfte aufgeschweißt (s. Fig. 329 ÷ 331).

Aufnahmen. Während Bohrstähle und -stangen mit hinten eckigem

Schaft unmittelbar in das Drehbankstichelhaus eingespannt werden, verlangen runde Stähle und runde Bohrstangen besondere Aufnahmen oder Halter.

Sehr einfach ist der Halter in Fig. 332: ein Schmiedestück, dessen Schaft ins Stichelhaus paßt und dessen geschlitzter Kopf die Bohrstange spannt. Noch einfacher ist die Aufnahme Fig. 333 für runde Stichelhäuser: sie besteht aus den zwei Spannbacken *a*. Ebenso wie diese Backen kann auch die Aufnahme *a* der Fig. 334 u. 335 für verschiedene Durchmesser benutzt werden. *a* (Fig. 335) ist eine federnde Stahlhülse, in der die verschieden starken Werkzeuge *b* durch Zusammenklemmen des ansitzenden Prismas gespannt werden. Das Spannen geschieht in dem Halter. Der Halter Fig. 336 für runde Bohrstähle oder Bohrstangen wird mit dem Schaft in das Stichelhaus gespannt. Das Klemmstück am Kopf kann umgeschwenkt und dann der Halter am hinteren Stichelhaus benutzt werden.

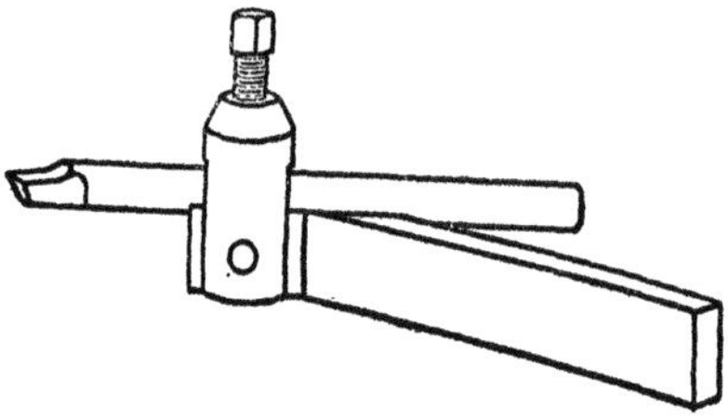

Fig. 336. Doppelseitiger Halter für runde Bohrwerkzeuge.

Bohrstangen für senkrechte und wagerechte Bohrmaschinen werden meist unmittelbar mit einem konischen od. dgl. Zapfen in die Maschinenspindel oder den Revolverkopf eingespannt. Auf ihre Konstruktion und besonders auf die Konstruktion der zweischneidigen Messer und der mehrschneidigen Köpfe kann hier nicht eingegangen werden.

IV. Hobelstähle.

Die mechanische Grundlage für alle Formen der Schneidstähle und die besonderen Anforderungen, die durch die Dreharbeit an die Drehstähle gestellt werden, haben wir kennengelernt. Für das Hobeln sind die Anforderungen so weit die gleichen wie für das Drehen, daß vielfach dieselben Stahlformen für beide Arbeiten verwendet werden. Andererseits aber hat das Hobeln gegenüber dem Drehen doch auch wieder genug Besonderheiten, daß ein Einfluß auf die Schneidenform erklärlich ist.

1. Einfluß des Hobelns auf die Schneidenbildung.

Einfluß des Arbeitsganges. Beim Hobeln ergeben sich etwas einfachere Beziehungen zwischen Stahlschneide und Arbeitsstück, weil die Bewegung der beiden gegeneinander geradlinig ist, so daß die Tangente in irgendeinem Punkt der Schnittfläche S (Fig. 337) mit dieser Fläche zusammenfällt. Daraus folgt, daß der Anstellungswinkel der Schneide stets gleich dem Rückenwinkel ist, ganz unabhängig von der Größe der Schnittgeschwindigkeit und der Größe des Vorschubes. Damit bleibt auch der Schnittwinkel immer der gleiche. Das gilt allerdings nur, solange ebene Flächen — die die Regel sind — gehobelt werden, nicht aber für Formflächen. Mit dieser Einschränkung sind daher beim Hobeln auch die Abmessungen des Arbeitsstückes von keinem Einfluß auf die Schneidwinkel, ebenso wie die Schnittgeschwindigkeit an allen Punkten der Schneidkante die gleiche ist. Der Anstellwinkel wird bis zu 10° gewählt, der Brustwinkel nach Zahlentafel 2 Seite 24.

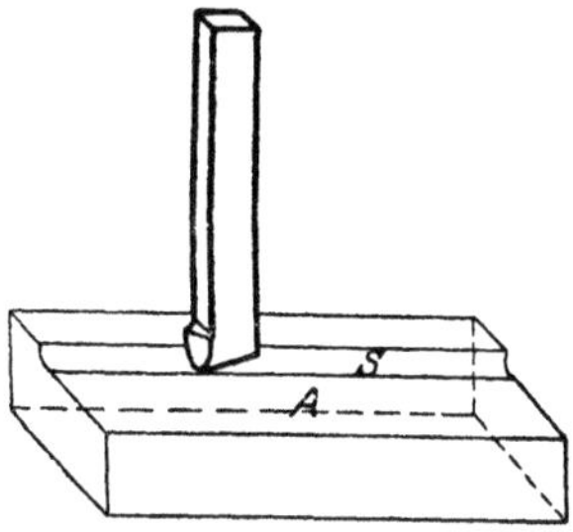

Fig. 337. Schnitt- und Arbeitsfläche beim Hobeln.

Einfluß des Leergangs. Außer in der geraden Schnittfläche besteht die Besonderheit des Hobelns gegenüber dem Drehen in dem abwechselnd aufeinanderfolgenden Arbeits- und Leergang des Stahles. Diese Art der Bewegung hat auf das Werkzeug einen dreifachen Einfluß:

1. das Arbeiten nur während des Hinganges erleichtert die Wärmeabfuhr und macht im allgemeinen den Gebrauch besonderer Kühlmittel weniger dringend;

2. das Unterbrechen des Schnittes durch den Leergang verlangt, daß der Span periodisch neu angesetzt wird, wodurch jedesmal ein, wenn auch meist geringer, Stoß der Schneidkante gegen das Arbeitsstück entsteht. Weiter unten wird von dem Einfluß dieses Stoßes auf die Schneidenform noch die Rede sein;

3. beim Leergang wird die Schneide genötigt, nochmals über die Schnittfläche hinüberzugehen, die sie eben im Arbeitsgang erzeugt hat. Da nun beim Arbeiten Arbeitsstück und Schneide unter dem Schnittdruck sich federnd etwas voneinander entfernen, so liegt beim leeren Rückgang die Schnittfläche etwas höher als die Schneide. Die Schnittfläche würde daher beim Rückgang sich mit starkem Druck gegen die Schneide legen und diese von rückwärts abreiben oder gar abbrechen, wenn nicht Vorkehrungen getroffen wären, daß die Schneide ausweichen kann. Das Ausweichen wird dadurch ermöglicht, daß der Stahl (Fig. 338) mitsamt seinem Stichelhaus *a* (Klappe) in dem Kasten *b* (Lyra) des Schiebers *c* um den Bolzen *d* drehbar ist, doch nur aus der senkrechten Lage nach vorn (in Pfeilrichtung). Während nun beim Arbeitsgang der Stahl mit dem Stichelhaus durch die Rückwand des Kastens in der senkrechten Lage gehalten wird, bleibt beim Rückgang der Stahl etwas zurück, dadurch, daß er sich mit dem Stichelhaus um *d* in eine schräge Lage dreht.

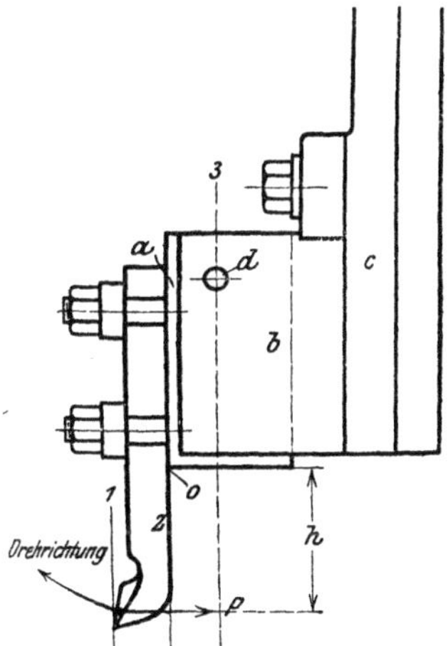

Fig. 338. Hobelstahl mit drehbarer Klappe.

Hierdurch wird die Schneide etwas gelüftet und leicht über die Schnittfläche hingeführt. Das Abheben der Schneide durch Drehen um *d* kann nur stattfinden, solange die Schneide vor oder höchstens in der durch *d* gehenden Ebene *3–3* liegt. Sobald die Schneide dagegen rechts hinter Ebene *3–3* liegt, würde sie durch Drehen um *d* nicht gelüftet, sondern stärker gegen die Schnittfläche gepreßt werden.

Lage der Schneidkante. Die zur Schnittrichtung parallele Teilkraft *P* (Fig. 338) hat ebenso wie die senkrecht nach unten gerichtete

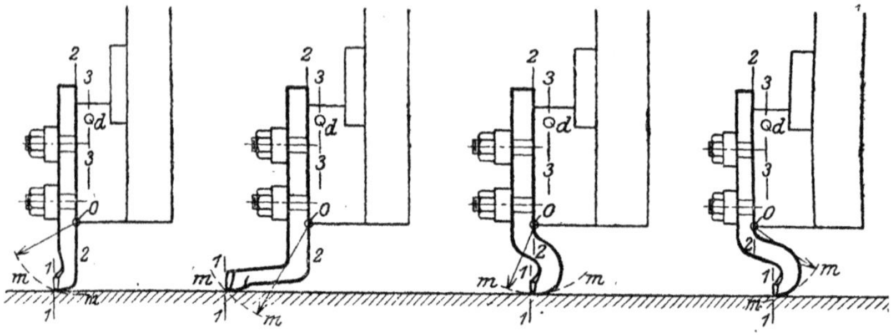

Fig. 339 ÷ 342. Lage der Schneide zum Support.

Teilkraft am Drehstahl die Neigung, den Stahlschaft um den äußersten Punkt *o* der Auflagefläche zu biegen (Fig. 339 ÷ 342). Bei anwachsendem Druck führt die Biegung die Schneide tiefer ins Material, wie der Kreisbogen *m m* (Fig. 339) zeigt. Dies „Einhaken“ durch das Biegen der Schneide um *o* ist um so größer, je mehr die Ebene *1–1* der Schneide vor der Ebene *2–2* der Auflagefläche liegt (Fig. 340). Fällt hingegen Ebene *1–1* mit *2–2* zusammen (Fig. 341), so hört das Einhaken sofort auf, da jede Biegung die Schneide weiter vom Material abhebt. Das Abheben wird noch stärker, wenn der Stahl über die Ebene *2–2* nach hinten hinaus gekröpft ist (Fig. 342). Andrerseits darf jedoch dieses Kröpfen nicht zu weit gehen, nicht über die Ebene *3–3* hinaus, weil sonst beim Rückgang die Schneide durch Drehen um die Achse *d* nicht gelüftet wird, wie wir oben gesehen haben. Daher ist die richtige Lage für eine Schneide, die unter stärkerem Schnittdruck nicht einhaken und beim Rückgang sich ordentlich abheben soll, zwischen Ebene *2–2* und *3–3*.

2. Schruppstähle.

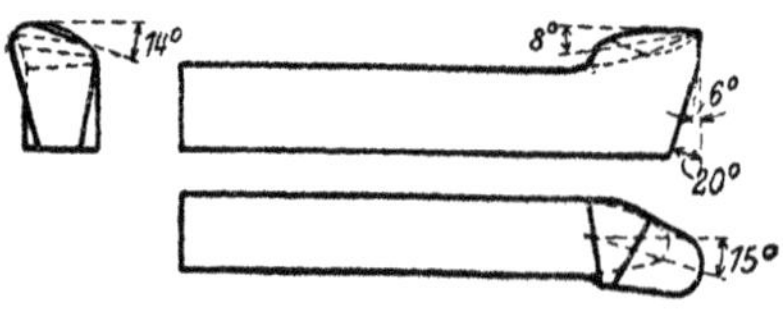

Fig. 343 ÷ 345. Hobel-Schruppstahl.

Es werden, ebenso wie beim Drehen, Stähle mit gerader wie gebogener Schneide verwendet (Fig. 343 ÷ 345), mit vorgekröpftem Kopf wie mit ausgeschliffenem. Der Rückenwinkel ist aus oben erwähntem Grund einige Grad kleiner, der Brustwinkel ebenso groß wie bei Drehstählen. Die windschiefe Lage der geraden Schneidkante zur Auflagefläche ist für das Hobeln noch besonders nützlich, weil dadurch der Stoß beim Ansetzen jedes Hubes sehr gering wird, da die Schneide allmählich angreift; besonders bei großer Schnittiefe ist das von Bedeutung.

Der Schaft der Schruppstähle wird oft nicht nach hinten gekröpft, da er sehr kräftig genommen wird und zudem ein geringes Einhaken nichts schadet.

Zum Hobeln senkrechter Flächen wird der Stahl häufig seitlich ge-

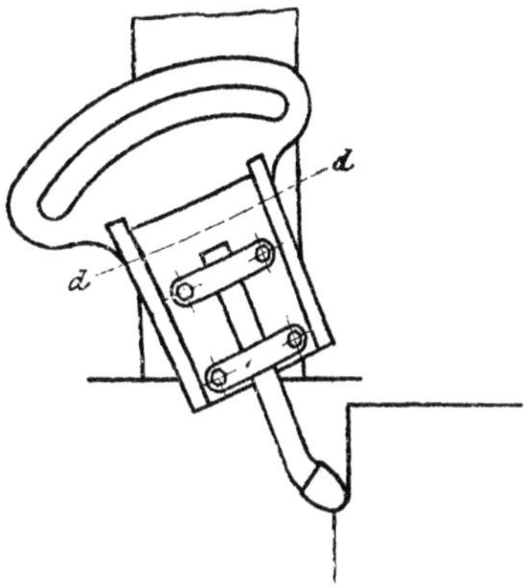

Fig. 346. Hobeln senkrechter Flächen.

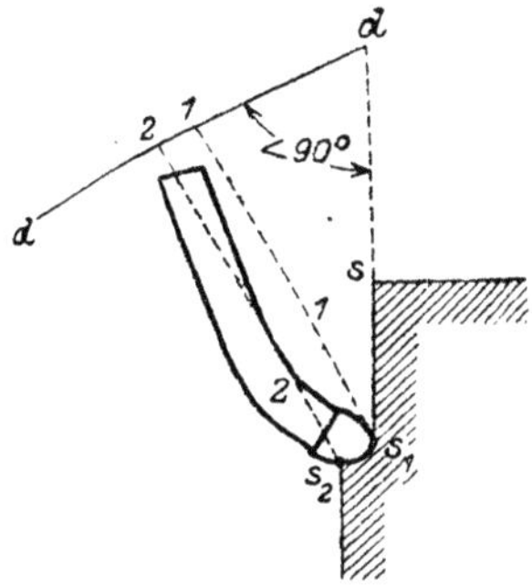

Fig. 347. Lage der Drehachse beim Hobeln senkrechter Flächen.

kröpft (Fig. 346). Das Stichelhaus muß dazu mit dem Stahl stets so geschwenkt werden, daß die Achse *d–d* des Bolzen, um den der Stahl sich beim Rückgange zum Abheben von der Schnittfläche dreht, ge-

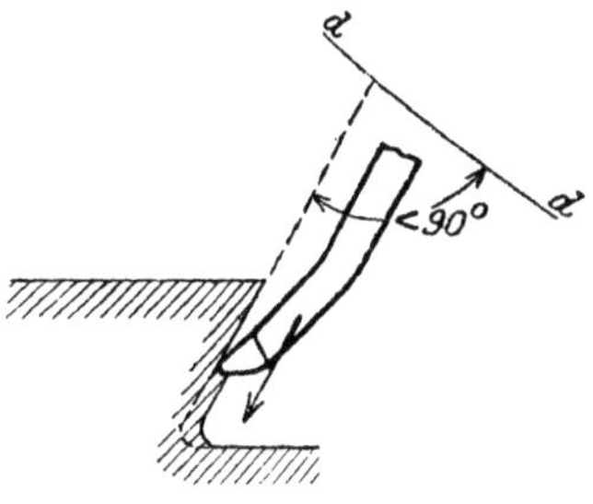

Fig. 348. Hobeln schräger Flächen.

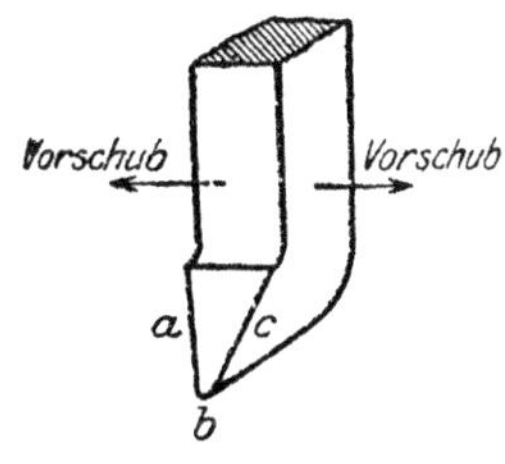

Fig. 349. Doppelseitiger Hobelstahl.

neigt steht. Denn nur dann kann ein Abheben richtig erfolgen. Stände die Achse wagerecht, so würde der äußerste Punkt S_1 (Fig. 347) der Schneide an der Arbeitsfläche schleifen. Denn jeder Punkt der Schneide beschreibt beim Drehen um die Achse *d d* einen Kreis, dessen Ebene senkrecht zu *d d* steht; so der Punkt s_1 den Kreis *1–1* und der Punkt s_2 den Kreis *2–2*. Und die Schneide hebt sich nur dann richtig ab, wenn der Kreisbogen jedes Punktes weder die Schnittfläche, noch die Arbeitsfläche berührt, wie es in Fig. 347 der Fall ist.

Stahl Fig. 348 dient zum Aushobeln geneigter Flächen (für prismatische Führungen usw.); Linie *d–d* gibt die Lage der Drehachse an. Der Stahl Fig. 349 kann nach beiden Seiten hobeln, doch ist er ebensowenig für große Leistungen geeignet wie der Stahl Fig. 88; denn bei der nur nach hinten geneigten, ebenen Brustfläche ergeben sich keine seitlichen Brustwinkel an den geraden Schneidkanten *a–b* und *b–c*.

3. Schlichtstähle und Formstähle.

Die Schneiden haben wieder ein mehr oder weniger langes, zur Arbeitsfläche paralleles Stück. Stahl Fig. 350 ist zum Aushobeln wie zum Schlichten mit kleinem Vorschub zu verwenden, Fig. 351 zum Schlichten mit großem Vorschub, besonders für Gußeisen.

Fig. 350. Hobelschlichtstahl.

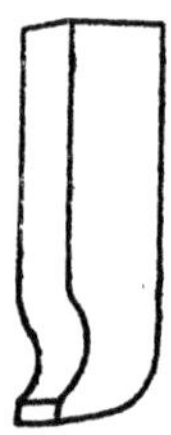

Fig. 351. Hobelstahl zum Breitschlichten.

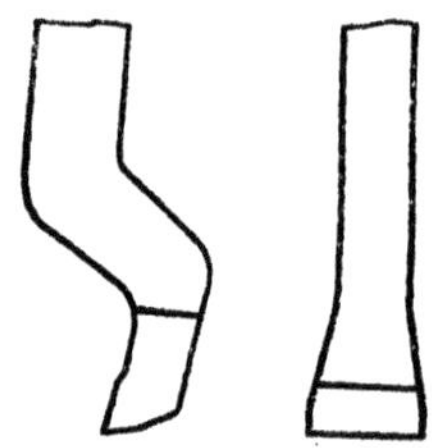

Fig. 352 u. 353. Gekröpfter Hobelschlichtstahl.

Aus den oben erörterten Gründen ist es richtig, die Schlichtstähle nach hinten zu kröpfen, damit die Schneide kurz hinter der Ebene der Auflagefläche liegt (Fig. 352 u. 353).

Sehr vorteilhaft für saubere Arbeit sind auch Stähle mit leicht gebogener Schneide wie Fig. 354÷356, deren Brustfläche und Schneide unter 30 bis 40° zur Schnittrichtung steht. Der

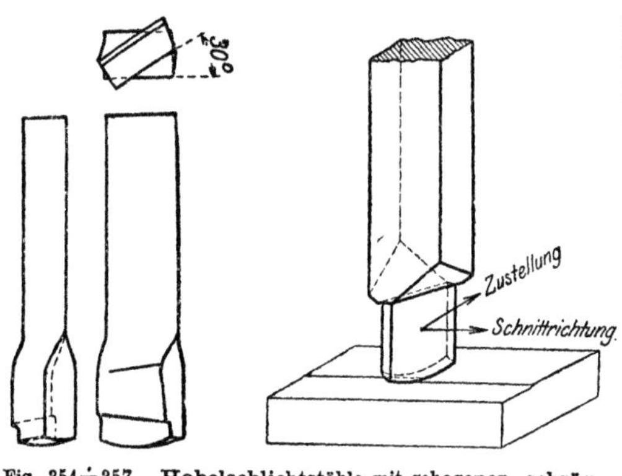

Fig. 354÷357. Hobelschlichtstähle mit gebogener, schräg liegender Schneide.

Fig. 358. Gekröpfter Formstahl.

Anstellwinkel ist nur 3 bis 4°, die Rückenfläche, wegen des Abhebens, gekrümmt, der Schnittwinkel 90° oder kleiner. Die Neigung der Brustfläche sichert einen sehr sanften Anschnitt, windet den Span in starker Spirale und gibt ihm eine energische Ableitung nach der Seite. Mit solchen Schneiden lassen sich Späne von $^1/_{100}$ bis $^2/_{100}$ mm Tiefe nehmen; die Schaltung muß natürlich kleiner sein als bei Stählen mit gerade stehender Brust. Bei dem Stahl Fig. 357 ist der Schneidkopf ohne Schmieden durch Ausfräsen oder Hobeln aus dem quadratischem Schaft gebildet.

Formstähle finden beim Hobeln nicht so viel Verwendung wie beim Drehen. Für Abrundungen, Hohlkehlen usw. benutzt man die gleichen Stähle wie beim Drehen. Da Formstähle in ihrer Arbeit den Schlichtstählen zu vergleichen sind, ist es richtig, sie gekröpft auszuführen, wie den Stahl Fig. 358 zum Hobeln von prismatischen Flächen. Fig. 359 u. 360 ist ein rechter und linker Seitenstahl.

Fig. 359 u. 360. Rechter und linker Seitenstahl.

4. Nuten- und Stechstähle.

Die Nuten- und Einstechstähle zum Hobeln gleichen durchaus denen für die Drehbank. Da die erzeugte Arbeits-

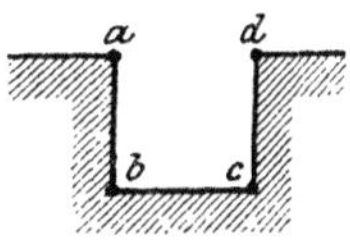

Fig. 361. Nut.

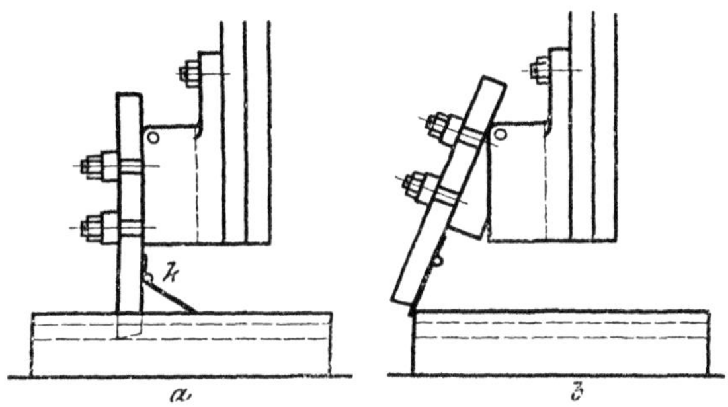

Fig. 362 u. 363. Vorrichtung zum Ausheben von Nutenstählen.

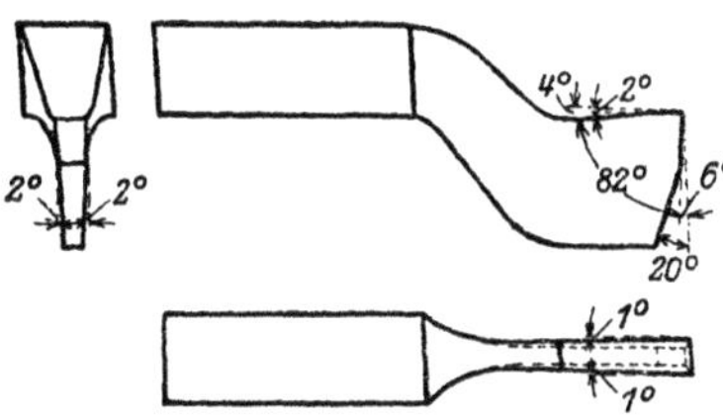

Fig. 364÷366. Rückwärts gekröpfter Stechstahl.

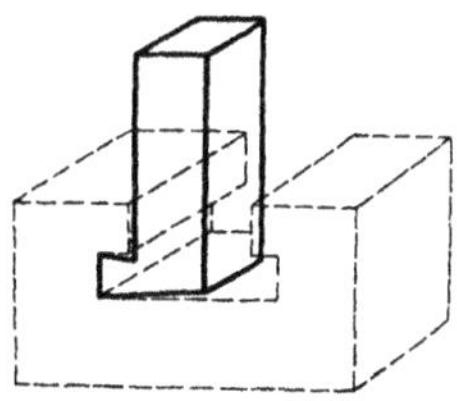

Fig. 367. Aushobeln von T-Nuten.

fläche dreiteilig ist (Fig. 361), so kann sich beim Rückgang die Schneide nur von dem wagerechten Teil *b c* abheben, während die Ecken der Schneide sich in die senkrechten Flächen *a b* und *d c* eindrücken. Will man das nicht hinnehmen und auch den Stahl nicht bei jedem Rückgang aus der Nut mit der Hand herausheben, so kann man eine Einrichtung wie Fig. 362 u. 363 benutzen, die das Ausheben selbsttätig besorgt. Die Klappe *k* ist mit dem Stichelhaus oder dem Stahl drehbar verbunden; beim Arbeitsgang (*a*) schleift sie leicht hinter dem Stahl über die Arbeitsfläche hin,

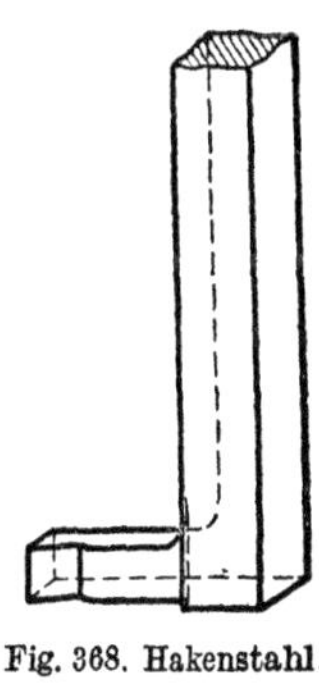

Fig. 368. Hakenstahl.

während sie beim Rückgang (*b*) sich gegen den Stahl legt und, da sie länger ist, ihn aus der Nut aushebt.

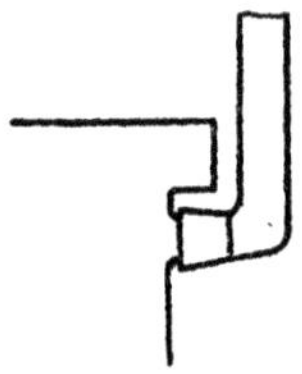

Fig. 369. Hobeln mit Hakenstahl.

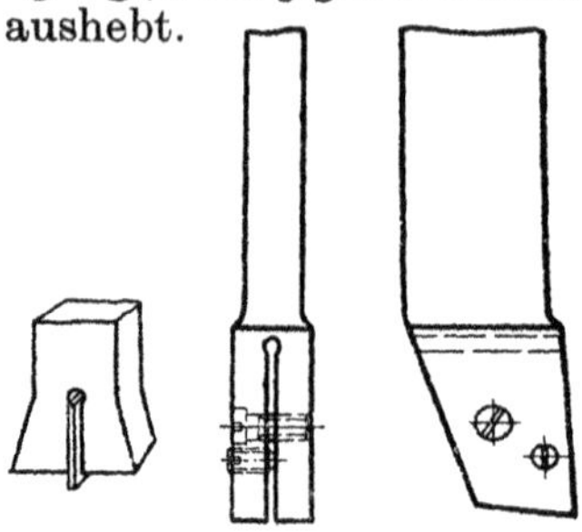

Fig. 370 ÷ 372. Nachstellbare Nutenstähle.

Fig. 364 ÷ 366 ist ein rückwärts gekröpfter Stehstahl, am Schneidkopf breit ausgeschmiedet für kräftiges Arbeiten.

Zum Aushobeln des Unterschnitts von T-Nuten dienen links und rechts gekröpfte Nutenstähle (Fig. 367). Ähnliche Hakenstähle dienen zum Abhobeln zurückstehender senkrechter Flächen (Fig. 368 u. 369).

Da die Nutenstähle (Fig. 364) beim Nachschleifen schwächer werden, so hat man nachstellbare Nutenstähle konstruiert (Fig. 370 ÷ 372). Bei beiden ist der untere Teil geschlitzt; in Fig. 370 erfolgt das Nachstellen durch einen Keil, in Fig. 371 u. 372 durch eine Druck- und eine Zugschraube. Beide dienen nur zum Nachstechen auf genaues Maß.

5. Stahlhalter.

Alle Gründe, die (Seite 46) für den Gebrauch von Stahlhaltern beim Drehen angeführt sind, gelten ebenso für Hobelstähle. Es werden vielfach dieselben Halter für beide Arten von Arbeiten benutzt. Für Hobelstahlhalter sind noch zwei Eigenschaften besonders erwünscht, die für Drehstahlhalter weniger wichtig sind: einmal die Möglichkeit, die Stähle im Halter in verschiedenen Winkeln einstellen zu können, dann die Anordnung der Spannmuttern oder anderen Spannmittel hinten am Halter, so daß das Hobeln gegen einen Ansatz möglich wird.

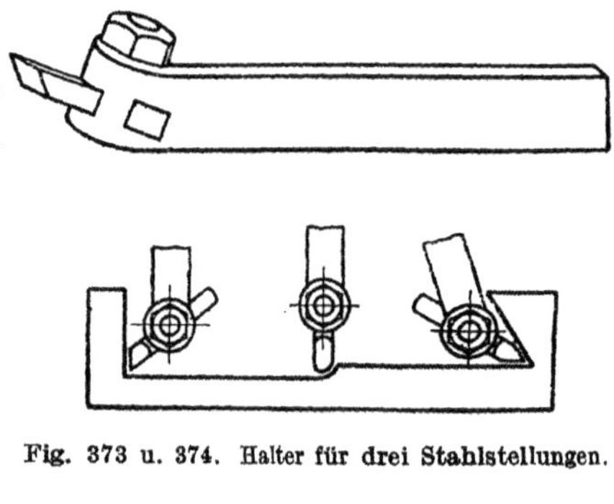

Fig. 373 u. 374. Halter für drei Stahlstellungen.

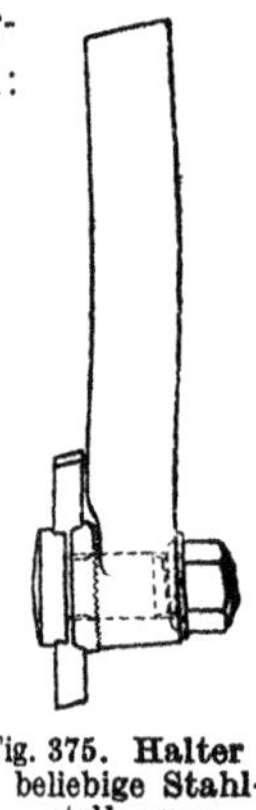

Fig. 375. Halter für beliebige Stahlstellungen.

Bei dem Dreh- und Hobelstahlhalter (Fig. 373 u. 374) kann der Einsatzstahl in drei Stellungen gehalten werden: gerade, 45° nach rechts und 45° nach links. Beim Halter Fig. 375 kann der Stahl sogar in fast jeden Winkel eingestellt werden, dadurch, daß das Stichelhäuschen sich mit dem eingefrästen Stahl in Zahnlücken des Halters legt und durch die Mutter hinten festgezogen wird. Eine sehr kräftige, einfache Konstruktion hat der Halter Fig. 376 u. 377: Der Einsatzstahl *s* liegt in einem Schlitz des Halters *a* und wird mit dem Stichelhaus *b* durch die hintere Mutter festgezogen. Fig. 378 u. 379 ist ein gleicher Halter für senkrechte Flächen. Es können auch beide Schlitze in einem Halter vereinigt sein.

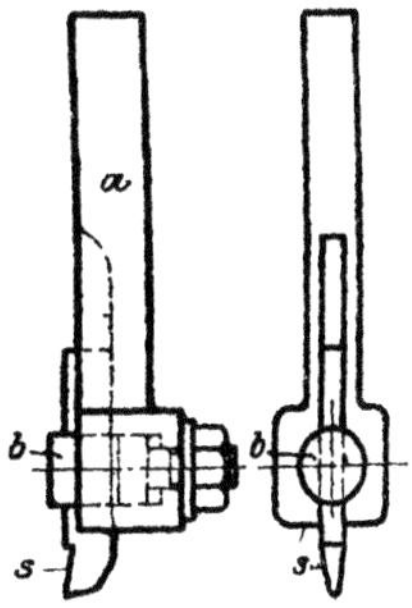

Fig. 376 u. 377. Einfacher Halter.

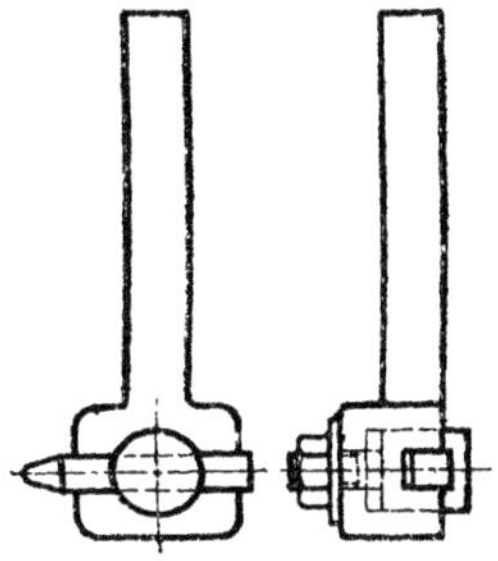
Fig. 378 u. 379. Einfacher Halter für senkrechte Flächen.

Alle diese Halter bringen die Schneiden vor die Ebene *1–1* der Auflagefläche (Fig. 381) und sind somit zum Schlichten nicht so gut geeignet wie die gekröpften Stähle, obwohl bei den kräftigen Haltern das Durchfedern nicht stark ist. Spannt man die Stähle umgekehrt in den Support (Fig. 380), so kommt die Schneide günstiger zu liegen, dafür steht aber dann die Spannmutter in der Schnittrichtung vor und der Schnittdruck wird nicht vom Halter, sondern von der Schraube aufgenommen. Der Halter Fig. 382 u. 383

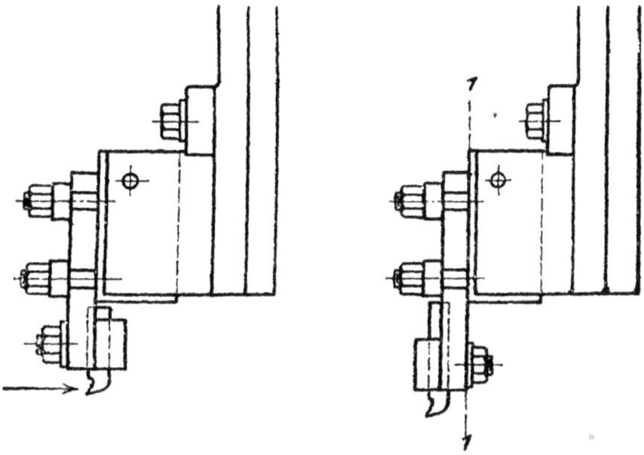

Fig. 380 u. 381. Verschiedene Einspannung der Halter.

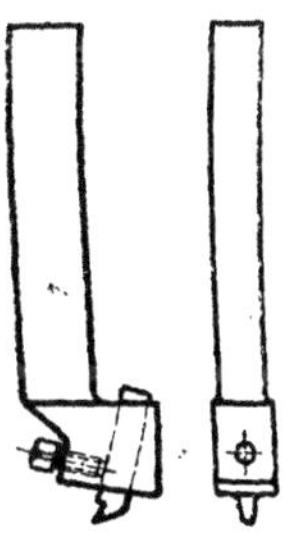
Fig. 382 u. 383. Gekröpfter Halter.

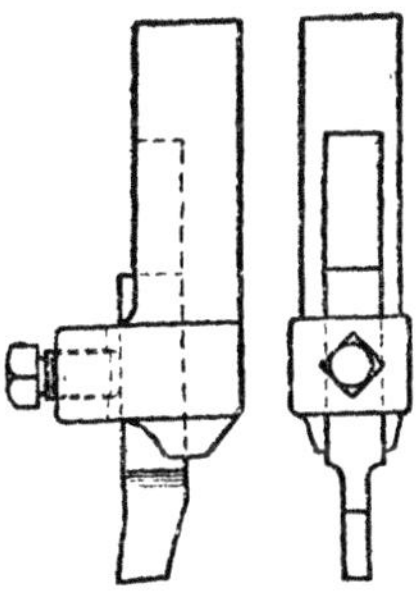
Fig. 384 u. 385. Nutenstahlhalter.

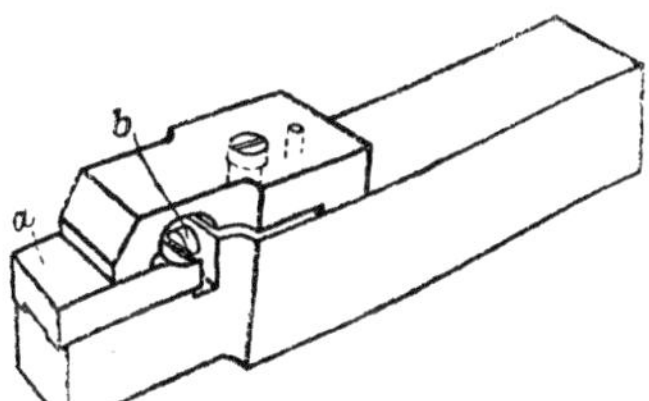

Fig. 386. Halter mit flachem Nutenstahl.

ist für Schlichtarbeiten gekröpft. Fig. 384 u. 385 ist ein Nutenstahlhalter, während der Halter Fig. 386 zum Nachstechen vorgegossener Nuten dient. Der flache Einsatzstahl *a* liegt mit seiner Nut über einer

Feder und hinten gegen eine Schraube *b* des Halters; er wird durch eine Spannklaue festgehalten.

Ein Halter besonderer Art ist Fig. 387. Er unterscheidet sich von allen anderen dadurch, daß er für den Rückgang ein drehbares Stichelhaus (Klappe) hat, so daß der Einsatzstahl von der schweren Klappe des Supports unabhängig wird. Das ist für leichte Schnitte recht wertvoll: das Stichelhaus *A* ist im Kopf *B* um den Stift *C* drehbar und der Kopf selbst in fast jedem Winkel einstellbar mittels des gezahnten Zapfens *F*, in dessen Zahnlücken der Stift *J* greift. Durch Mutter und Scheibe *H* wird der Kopf im Schaft des Halters festgezogen. Die Flachfeder *D* legt sich gegen den Stift *E* und drückt das Stichelhaus in den Kopf.

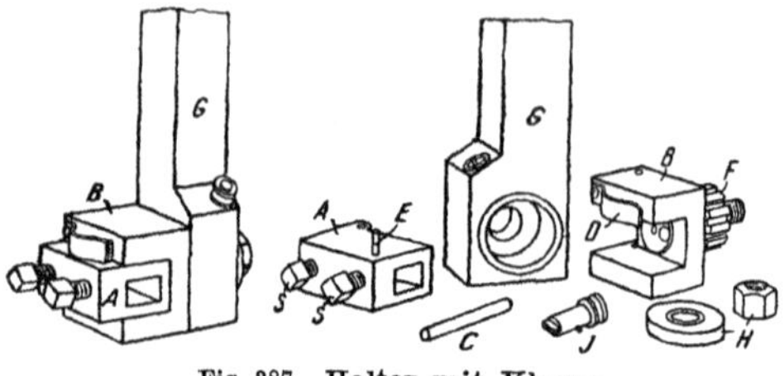

Fig. 387. Halter mit Klappe.

Fig. 388 zeigt einen im Gesenk geschmiedeten Halter für vier Stähle, die nacheinander schneiden, so daß bei einem Hub ein sehr breiter, bzw. tiefer Schnitt genommen werden kann. Der Kopf des Halters ist in jedem Winkel ein- und festzustellen.

Stahlhalter, die auch beim Rückgang schneiden, sind verschiedentlich konstruiert, bislang hat sich aber keiner so recht bewährt (s. Fig. 540 Seite 109).

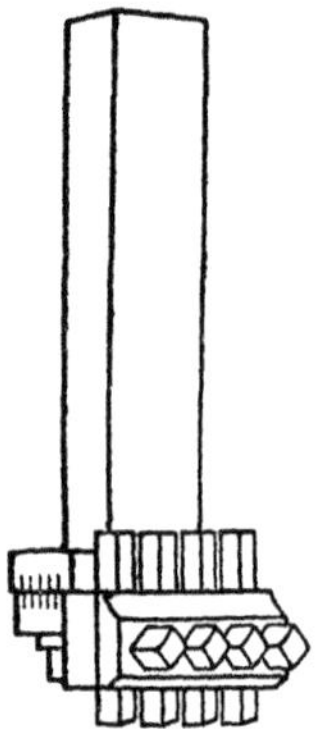
Fig. 388. Vierfacher Halter.

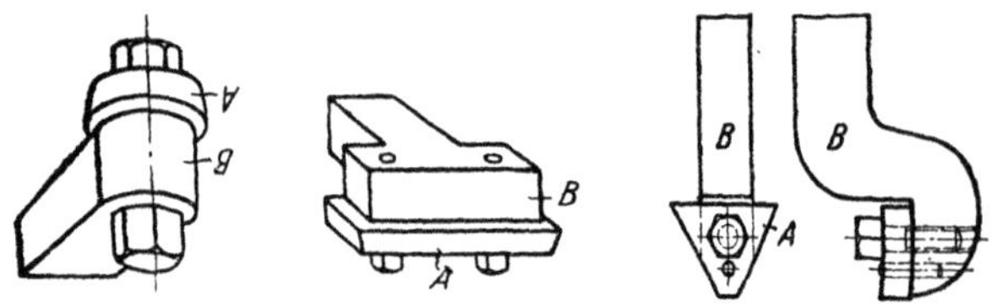

Fig. 389 ÷ 392. Halter mit angeschraubten Formmessern.

Häufig werden Formstähle in Verbindung mit einem Halter benutzt. Das kreisförmige Messer *A* (Fig. 389), das eckige Messer *A* (Fig. 390) sind durch Schrauben an ihrem Halter *B* befestigt. Besser zum Schlichten ist der gekröpfte Halter (Fig. 391 u. 392) mit dem Messer *A* für prismatische Flächen.

Ein Gegenstück zum Schlichtstahl Fig. 354 ist der Halter Fig. 393 mit unter 30° schrägstehendem runden Schneidstahl zum Schlichten mit kleinem Vorschub. Wenn das arbeitende Stück der Schneidkante stumpf geworden ist, braucht die Stahlscheibe nur etwas gedreht zu werden.

Am wichtigsten von allen Haltern sind wie beim Drehen die Schäfte mit aufgeschweißten Schnellstahlplättchen. In manchen Werkstätten werden sie so gut wie ausschließlich benutzt, überall zum mindesten zum Schruppen für mittlere und große Leistungen. Die Stahlformen sind im wesentlichen dieselben wie beim Drehen. Fig. 394 u. 395 ist ein rückwärts gekröpfter Schruppstahl. Bemerkenswerte Ausführung zeigen die Nutenstähle Fig. 396 u. 397 für breite und tiefe Nuten, wie sie an Ankern elektrischer Maschinen und Arbeitstischen von Werkzeugmaschinen häufig vorkommen. In beiden Fällen ist der rechteckige Schaft unten

Fig. 393. Halter mit runder Stahlscheibe.

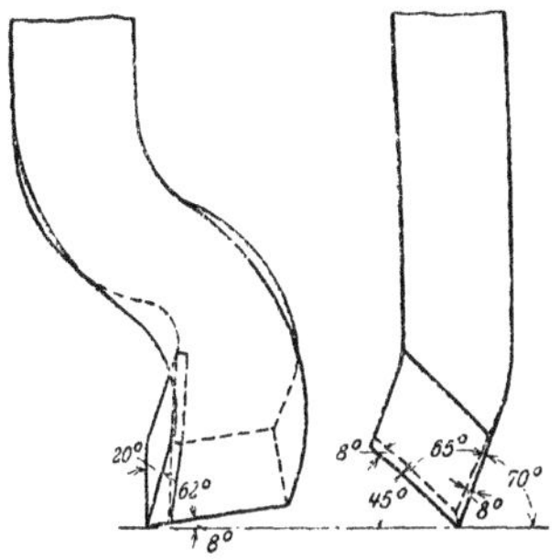

Fig. 394 u. 395. Schruppstahl mit aufgeschweißtem Schnellstahl.

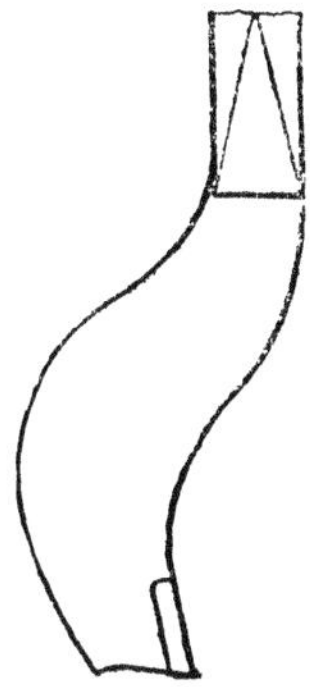

Fig. 396. Nutenstahl mit aufgeschweißtem Schnellstahl.

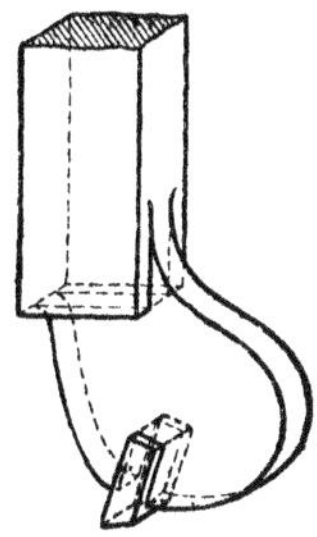

Fig. 397. Nutenstahl mit eingelötetem Schnellstahl.

flach ausgeschmiedet, und zwar recht breit, um die große Biegungsbeanspruchung vom Schnittdruck aufzunehmen; in beiden Fällen ist die Schneide nach hinten gelegt, um ein Einhaken zu verhindern. Während aber in Fig. 396 das Schnellstahlstück in der üblichen Weise aufgeschweißt ist, ist es in Fig. 397 eingelötet. Wegen der hohen Beanspruchung bestehen die Schäfte aus Maschinenstahl von 65 bis 70 kg Festigkeit.

V. Stähle zum Stoßen und Ziehen.

Obwohl Stoßen und Ziehen dem Hobeln nahe verwandt sind, sind viele Stähle für diese Arbeiten doch erheblich anders. Denn einmal hat beim Stoßen und Ziehen stets der Stahl die Schnittbewegung, die außerdem meist in Richtung des Stahlschaftes erfolgt, und zweitens müssen die meisten Stoß-und Ziehstähle recht lang sein, und wenn sie in Bohrungen, Einschnitten usw. arbeiten, auch noch verhältnismäßig dünn.

1. Stoßstähle.

Das Stoßen geschieht an wagerechten oder senkrechten Maschinen.

Stähle und Halter (Stoßstangen) für wagerechte Maschinen. Das Stichelhaus sitzt wie bei den Hobelmaschinen an einer drehbaren Klappe, damit beim Rückgang des Stahles die Schneide nicht beschädigt wird. Für Außenarbeiten an wagerechten Maschinen werden die einfachen Hobelstähle benutzt, für Innenarbeiten (Nuten) dienen besondere

Stähle. Fig. 398 ist ein Stoßstahl zum Einstoßen einer Nut in eine lange Buchse. Der im Querschnitt rechteckige Teil *a* des Schaftes wird in den Support gespannt. Die Schneide *s* sitzt an dem rund ausgeschmiedeten, senkrecht zu *a* stehenden Teil *b*, dessen Länge von der Länge der zu nutenden Bohrung bestimmt wird. Brust- und Rückenwinkel der Schneide sollen nur klein sein, etwa 10 bis 15° bzw. 3 bis 5°, damit die Neigung dieser Stähle zu federn nicht vermehrt wird.

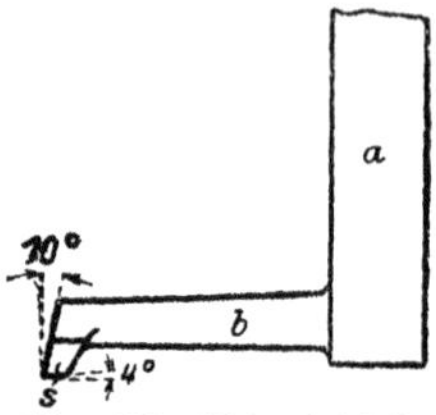

Fig. 398. Nutenstoßstahl.

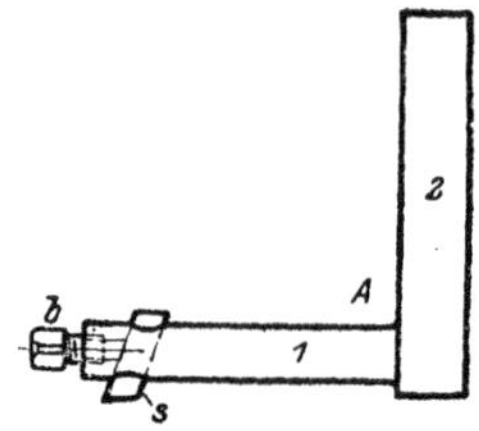

Fig. 399. Halter zum Nutenstoßen.

Trotzdem läßt die ungünstige Form des Stahles nur geringe Spantiefen zu. Da ferner die Ausnutzungsmöglichkeit dieser Stähle gering ist, so sind sie recht wenig wirtschaftlich. Daher verwendet man an ihrer Stelle meist Halter mit Einsatzstählen (Fig. 399). Der geschmiedete Halter *A* trägt vorn, durch die Schraube *b* und den Druckstift gehalten, den Einsatzstahl *s*. Man kann auch die Teile *1* und *2* des Halters *A* getrennt herstellen und hat dann die Möglichkeit, verschieden dicke und lange Teile *1* in Teil *2* einzusetzen, oder man läßt Teil *2* ganz fort und setzt Teil *1* an Stelle des Stichelhauses unmittelbar in die Klappe des Supportes ein. Eine derartige Ausführung zeigt Fig. 400: die runde Stoßstange *a* ist durch ihren Bund und die Muttern *e* in der Klappe befestigt; der Stahl ist im Schlitz *c* durch die Schraube *d* festgespannt. Die Schneide des Stahls liegt oben, damit beim Stoßen die senkrecht zur Schnittfläche auftretende Kraft nach unten gerichtet ist und damit ihr Moment, das bei dem langen Hebelarm recht groß ist, nicht die Neigung hat, die Klappe mit dem Dorn hochzukippen. Für nicht zu enge und lange Bohrungen ist der Halter Fig. 401 u. 402 ein zweckmäßiges Werkzeug. Der Flachstahl *s* aus Schnellstahl wird im Halter *a* durch zwei Schrauben und Klappe *b* festgeklemmt. Gleichen Zwecken dient der Halter Fig. 403 u. 404. Für breite Nuten in großen Bohrungen werden Stähle bzw. Halter benutzt wie für senkrechte Maschinen.

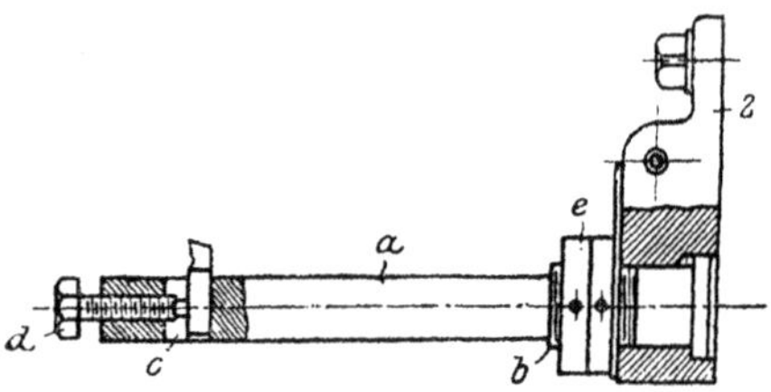

Fig. 400. Stoßstange für Nutenstähle.

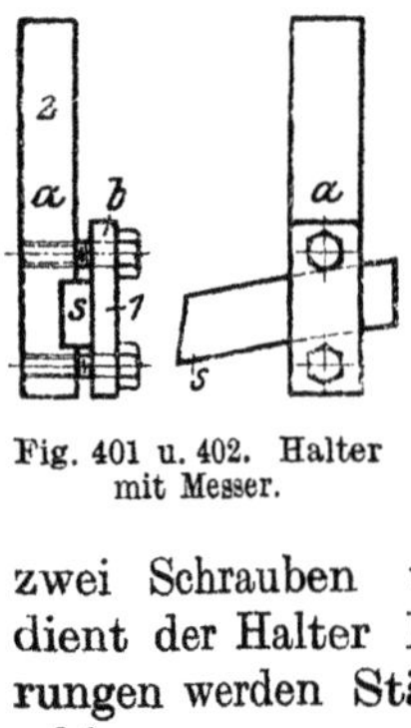

Fig. 401 u. 402. Halter mit Messer.

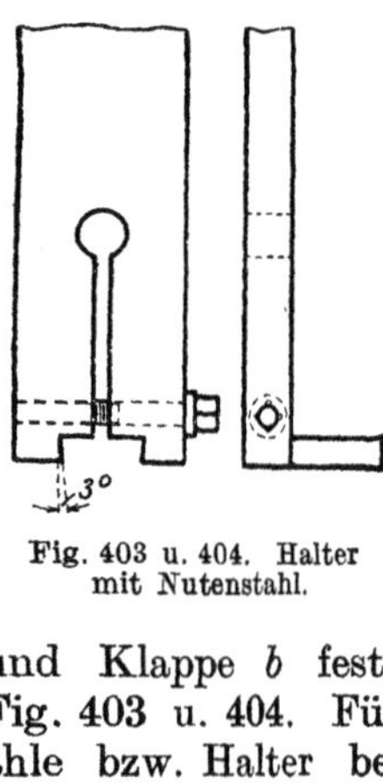

Fig. 403 u. 404. Halter mit Nutenstahl.

Stähle für senkrechte Maschinen. Die Konstruktion der Stahleinspannung im Stößel der meisten Senkrecht-Stoßmaschinen macht es nötig, daß der Stahl um mehr als die Länge der Arbeitsfläche über den Stößel nach unten hervorsteht (Fig. 405). Infolgedessen werden die Stähle oft sehr lang, bis zu 1 m und mehr. Weiter hat die Einspannung an der senkrechten Maschine den Nachteil für den Stahl, daß keine drehbare Klappe vorhanden ist, so daß sich der Schneidenrücken beim Leergang von der Schnittfläche nicht abheben kann, sondern stark über sie hinreiben muß. Um diese Reibung etwas zu mildern, ist es bei längeren Schnitten nötig, ausreichend mit Öl oder dgl. zu schmieren, besonders wenn zähes Material, wie schmiedbares Eisen, verarbeitet wird. Trotzdem reibt sich bei kräftigem Schnitt und langem Hub die Rückenfläche leicht ab, wie in Fig. 406 (Schneidkopf vom Schruppstahl Fig. 408). Die einzige durchgreifende Hilfe dagegen ist die Verwendung von Stoßstangen mit drehbarer Klappe (siehe weiter unten).

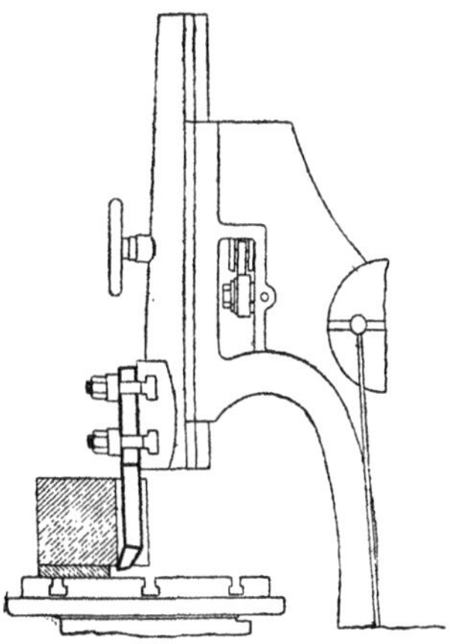

Fig. 405. Stoßen an senkrechter Maschine.

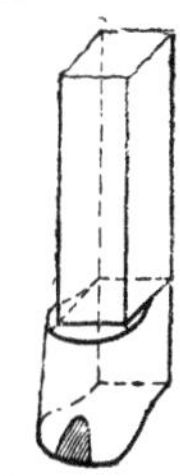

Fig. 406. Stoßstahl mit abgeriebenem Schneidrücken.

Die Schneidkante der Stoßstähle muß stets nach vorn vorgekröpft sein, damit sie frei schneiden kann; infolgedessen ist der Schneidkopf meist angeschmiedet. Die Stirnfläche des Stahles ist die Brustfläche, während die Rückenfläche in die Längsrichtung fällt (Fig. 407). Der Brustwinkel o und der Rückenwinkel p haben dieselbe Größe wie bei den Hobelstählen. — Die große Länge der Stähle beeinflußt stark ihre Widerstandskraft, wie die folgende Zusammenstellung der angreifenden Kräfte und Momente erkennen läßt: Die Schnittkraft P beansprucht den Stahl auf Druck, außerdem aber darf P bei langen Stählen nicht so groß werden, daß ein Knicken eintreten könnte. Das kleine Biegungsmoment $P \times e$, das sich ergibt, weil P nicht zentrisch zum Stahlquerschnitt angreift, kann unberücksichtigt bleiben. Die Normalkraft S wirkt vor allem auf Biegung. Das Biegungsmoment wächst mit der Entfernung von der Schneide und erreicht seinen Höchstwert $S \times l$ an der Einspannstelle bzw. bei a–a, wo der volle Schaftquerschnitt einsetzt. Hier ist der gefährliche Querschnitt. Druck- und Biegungsbeanspruchungen addieren sich, so daß recht erhebliche Beanspruchungen auftreten können.

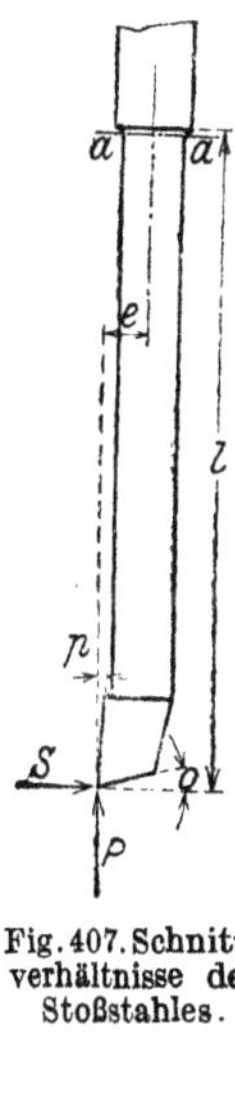

Fig. 407. Schnittverhältnisse des Stoßstahles.

Beispiel: Auf die Schneide in Fig. 407 wirken bei einer Schnittbreite von 30 mm, einem Vorschub von 0,3 mm und einem Schnittwiderstand (Materialkonstante) von 175 kg/qmm die Kräfte $P = S = 0{,}3 \times 30 \times 175 = 1575$ kg. Ist dann $l = 400$ mm und der Querschnitt a–$a = 95 \times 22$ qmm, so ergibt sich eine Druckspannung $k_d = \frac{1575}{9,5 \times 2,2} = 72$ kg/qcm, eine größte Biegungsspannung $k_b = \frac{1575 \times 40 \times 6}{2,2 \times 9,4 \times 9,4} = 1945$ kg/qcm und damit eine größte Gesamtspannung $k_g = 1945 + 72 = 2017$ kg/qcm. Das ist immerhin recht beträchtlich, um so mehr, als Kräfte und Beanspruchung mit dem Stumpfwerdeu der Schneide erheblich wachsen.

Die Abmessungen des Stahles müssen stets so groß sein, daß die Beanspruchung das zulässige Maß nicht überschreitet. Wird der Stahl mit ungleich hohen Querschnitten ausgeschmiedet (s. Fig. 449), so sollen diese ungefähr einen Körper gleicher Festigkeit bilden, d. h. der größte Querschnitt muß an der Einspannstelle bzw. dort sein, wo der Schaft ansetzt. Dabei soll der verhältnismäßig höchst beanspruchte Querschnitt immer in der Nähe der Schneide liegen, damit der Stahl, wenn er zu hoch beansprucht wird, hier bricht und somit nicht auf der ganzen Länge unbrauchbar wird.

Fig. 408 u. 409. Schruppstahl.

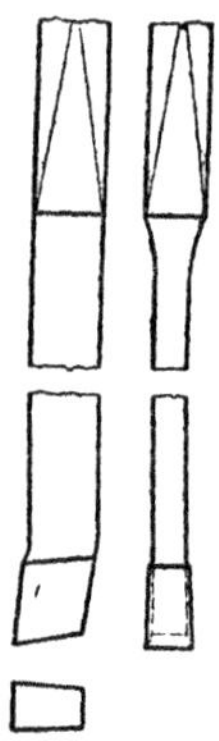

Fig. 410÷412. Schlichtstahl.

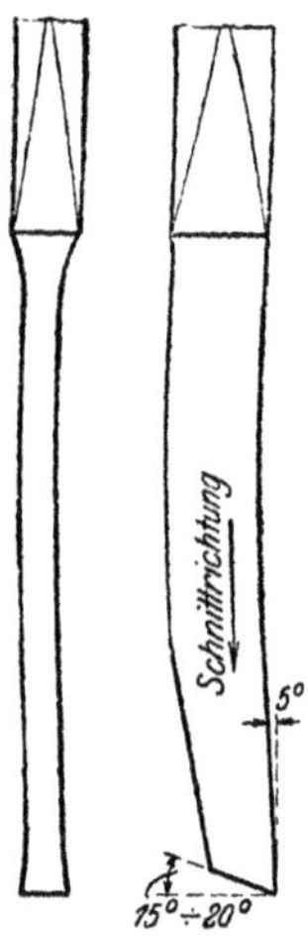

Fig. 413 u. 414. Durchstechstahl.

Fig. 415 u. 416 Nutenstoßstahl.

Die Stähle Fig. 408÷412 dienen für allgemeine Außenarbeiten. Fig. 408 u. 409 wird zum Schruppen und auch wohl zum Schlichten gebraucht für gerade und gekrümmte Flächen. Die Brustfläche ist oft nur nach hinten geneigt, ohne seitlichen Brustwinkel, so daß die Schneide dann nach beiden Seiten arbeiten kann. Fig. 410÷412 ist ein Schlichtstahl. Der Stahl Fig. 413 u. 414 dient zum Nuten oder Durchstechen. Von der Schneide aus wird er nach hinten und oben etwas schmäler, um ein Klemmen zu verhindern. Gerade diese an sich schmalen Stähle müssen wegen der großen Arbeitswege oft sehr lang sein und sind deshalb manchmal stark beansprucht. Zum Einstoßen von Nuten in Bohrungen dienen Stähle mit angearbeiteter Nase wie Fig. 415 u. 416.

Für allgemeine Innenstoßarbeiten sind Stähle nach Fig. 417 sehr bequem, da jede der zwei Doppelschneiden, wenn sie keinen seitlichen Brustwinkel hat, nach beiden Seiten arbeiten kann, so daß ein Umspannen des Arbeitsstückes oder ein Umstellen des Tisches erspart wird.

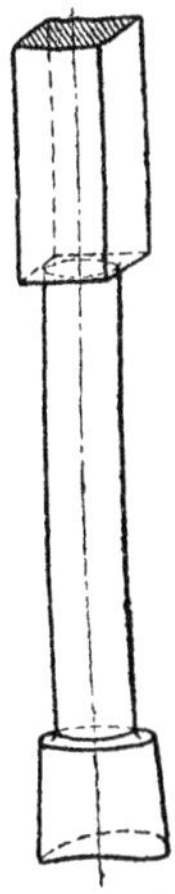

Fig. 417. Stahl zum Innenstoßen.

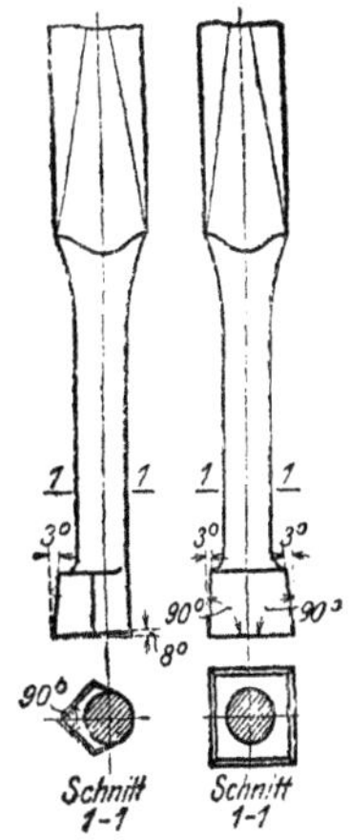

Fig. 418 ÷ 421. Stähle zum Einstoßen von Winkelflächen.

Winkelstähle. Ziemlich oft müssen Flächen von bestimmter Winkelneigung gestoßen werden. Dazu werden Vollstähle nach Fig. 418 ÷ 421 benutzt oder Einsatzstähle nach Fig. 422 ÷ 428 (Halter dazu siehe weiter unten). Mit dem Stahl Fig. 418 u. 419 werden zwei Seiten eines Vierkants oder Ecken ausgestoßen, mit Stahl Fig. 420 u. 421 alle vier Seiten eines Quadrats. Während Fig. 418 u. 419 einen Brustwinkel von 8° hat, ergibt sich bei Fig. 420 u. 421 durch die gerade Brustfläche an allen vier Kanten ein Brustwinkel = 0°, d. h. ein Schnittwinkel von 90°.

Muß der Winkel, den die Flächen am Arbeitsstück miteinander bilden, sehr genau sein, so ist es nötig, den Winkel der Stahlschneiden, die die Flächen einstoßen, besonders zu berechnen, da er mit dem Winkel

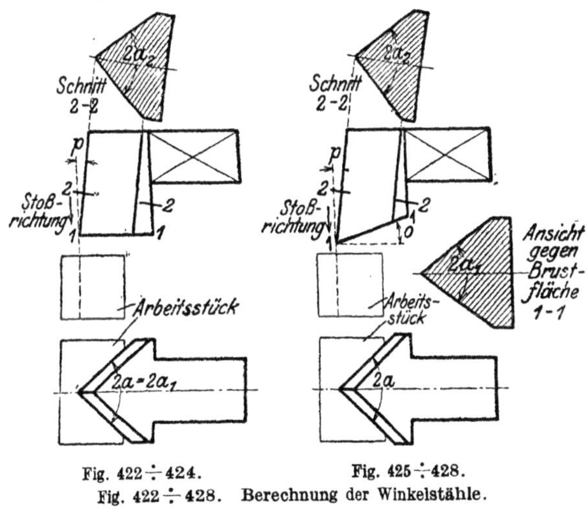

Fig. 422 ÷ 424. Fig. 425 ÷ 428.

Fig. 422 ÷ 428. Berechnung der Winkelstähle.

der Arbeitsflächen nicht übereinstimmen darf. Das könnte, richtiger müßte, er nur dann tun, wenn die Brustfläche des Stahles, wie in Fig. 420, nicht geneigt wäre, d. h. senkrecht zur Stoßrichtung stände. Da sie das aber gewöhnlich nicht tut, vielmehr der Brustwinkel > 0 ist, so ergibt sich die Notwendigkeit, daß der Winkel der Schneiden von dem Winkel der Arbeitsflächen abweicht.

Wird der Winkel der Arbeitsflächen zueinander mit $2a$ bezeichnet, und ist wieder o der Stahlbrustwinkel, p der Stahlrückenwinkel (Fig. 422 ÷ 428), so ist $2a$ entweder von o allein abhängig, wenn man den Neigungswinkel der Schneidkanten in der Brustfläche 1–1 mißt oder abhängig von o und p, wenn man ihn in einer Ebene 2–2, senkrecht zur Rückenkante, mißt.

Zweckmäßig ist es, zwei Fälle zu unterscheiden, je nachdem $o = 0$ oder > 0 ist.

1. Brustwinkel $o = 0$, Rückenwinkel $p > 0$ (Fig. 422 ÷ 424). Dann ist der Winkel $2a_1$ der Schneidkanten, in der Brustfläche gemessen, ohne weiteres $= 2a$, d. h. = dem Winkel der Arbeitsflächen.

Dagegen ist der Winkel $2a_2$ der Schneidkanten, in der Ebene 2—2 gemessen, gegeben durch die Gleichung: $\operatorname{tg} a_2 = \dfrac{\operatorname{tg} a}{\cos p}$.

2. Brustwinkel $o > 0$, Rückenwinkel $p > 0$ (Fig. 425 ÷ 428).

Dann ist der Winkel $2a_1$ der Schneidkanten, in der Brustfläche gemessen, gegeben durch die Gleichung: $\operatorname{tg} a_1 = \operatorname{tg} a \cdot \cos o$.

Dagegen ist der Winkel $2a_2$ der Schneidkanten, in der Ebene 2–2 gemessen, gegeben durch die Gleichung:

$$\operatorname{tg} a_2 = \operatorname{tg} a \cdot \frac{\cos o}{\cos(o + p)} .$$

Beispiel. Es sei: $2a = 80°$, $a = 40°$

$o = 20°$, $p = 8°$.

Dann ist: $\operatorname{tg} a_1 = 0{,}84 \cdot 0{,}94 = 0{,}788$

$a_1 = 38° 15'$, $2a_1 = 76° 30'$

$$\operatorname{tg} a_2 = \frac{0{,}84 \cdot 0{,}94}{0{,}88} = 0{,}898$$

$a_2 = 41° 55'$ $2a_2 = 83° 50'$.

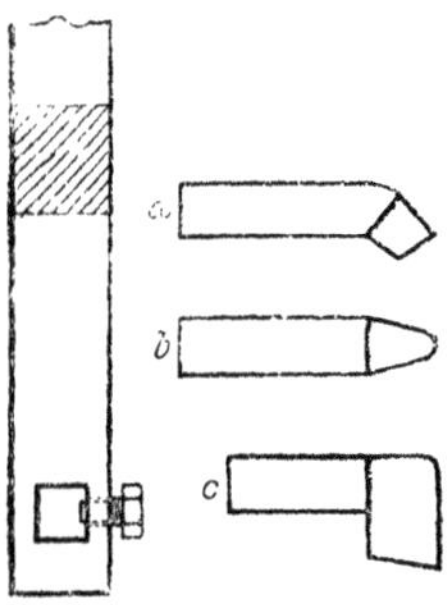

Fig. 429. Stoßstange mit Einsatzstählen.

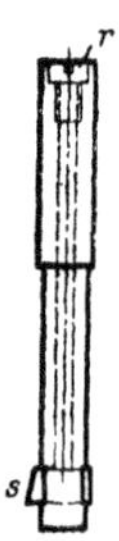

Fig. 430. Stoßstange mit Nutenstahl.

Stoßstangen (Stahlhalter). Sie werden beim Stoßen sehr viel benutzt, da die meisten Vollstähle besonders unwirtschaftliche Formen haben. Für alle Stoßarbeiten außen ist Fig. 429 ein einfacher Halter: eine Stange aus quadratischem Maschinenstahl mit einem Vierkantloch und seitlicher Befestigungsschraube für den Einsatzstahl. Von den drei Einsatzstählen dient *a* zum Schruppen, *b* zum Ausstoßen und zum Schlichten, *c* zum Stoßen, wenn der Halter nicht über der Schneide vorstehen darf.

Fig. 430 ist ein Halter für einen Nutenstahl, der durch Druckstift und Schraube von oben gespannt wird. Ein sehr zweckmäßiger Halter für Keilnutenstähle ist Fig. 431 ÷ 433: die runde Stange *a* trägt im Lang-

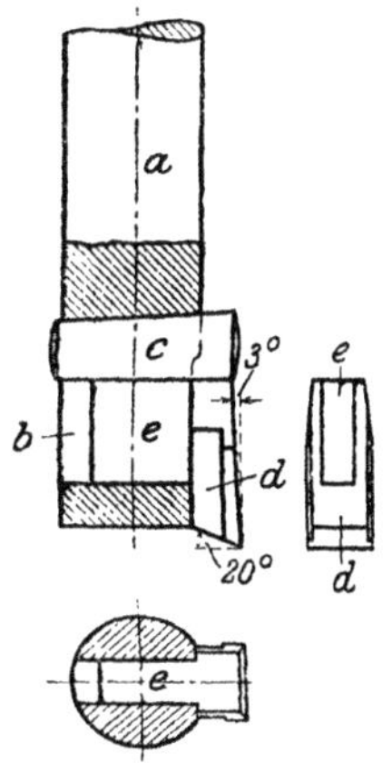

Fig. 431 ÷ 433. Stoßstange mit Keilnutenstahl.

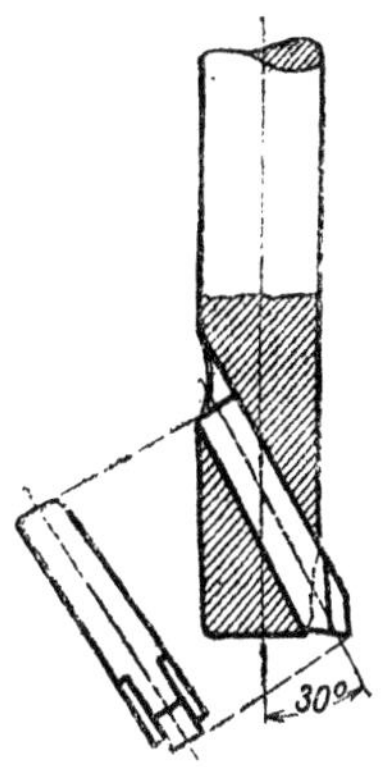

Fig. 434 u. 435. Stoßstange für schmale Nuten.

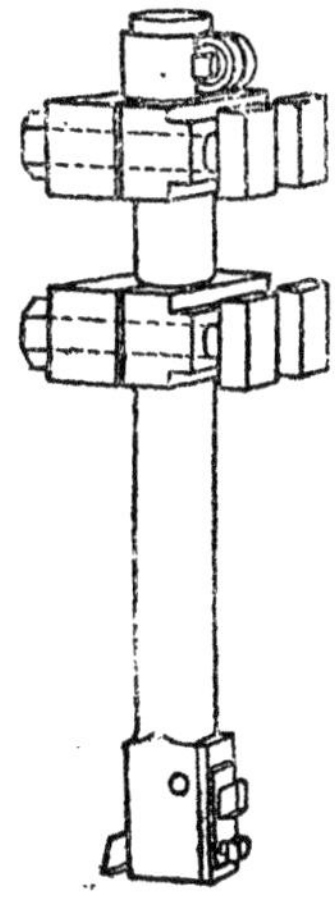

Fig. 436. Runde Stoßstange mit drehbarer Klappe.

loch *b* festgekeilt durch Keil *c* die Stähle *d*. Die Stähle sitzen im Keilloch mit dem Schwanz *e*, der immer dieselben Abmessungen hat für die verschiedenen Breiten der Stähle. Damit die Stähle in der Nut nicht zu sehr reiben, haben sie eine Fase von einigen Millimetern Breite und sind oben schmaler.

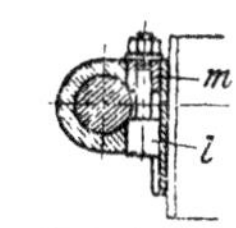

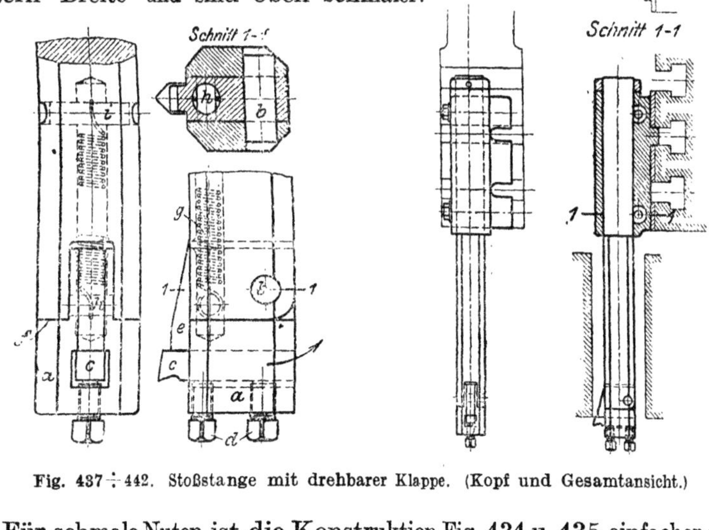

Fig. 437 ÷ 442. Stoßstange mit drehbarer Klappe. (Kopf und Gesamtansicht.)

Für schmale Nuten ist die Konstruktion Fig. 434 u. 435 einfacher und bemerkenswert geschickt. Der Halter hat unten eine kegelige Bohrung unter 30° für den Einsatzstahl, der ein Kegel mit vorn ausgearbeiteter

Schneide ist. Besondere Spannmittel sind unnötig. Für den Einsatzstahl können die kegeligen Schäfte aufgebrauchter Schneidwerkzeuge (Bohrer, Fräser usw.) benutzt werden.

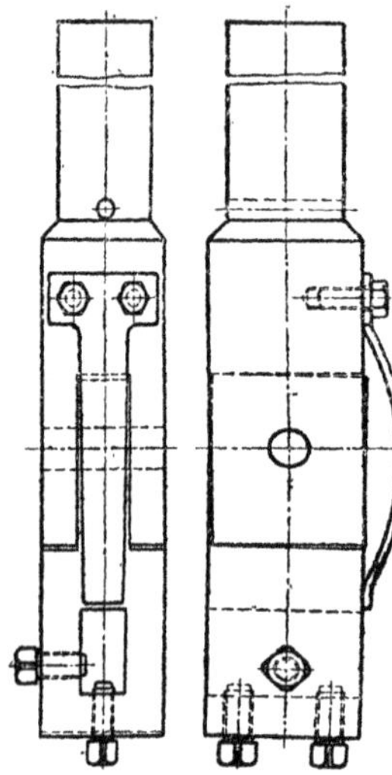

Fig. 443 u. 444.

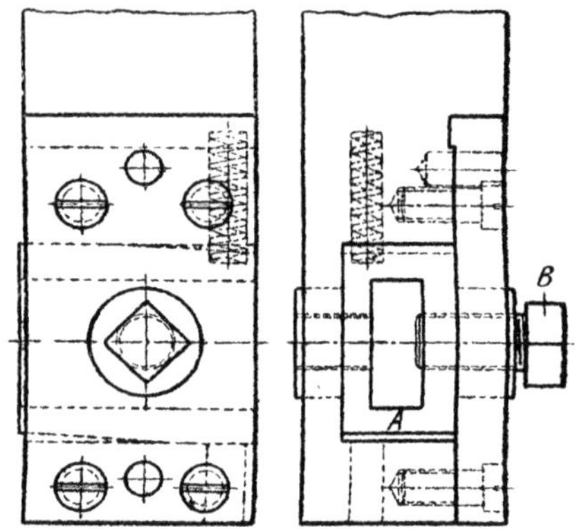

Fig. 445 u. 446.

Fig. 443÷446. Stoßstangenköpfe mit drehbarer Klappe.

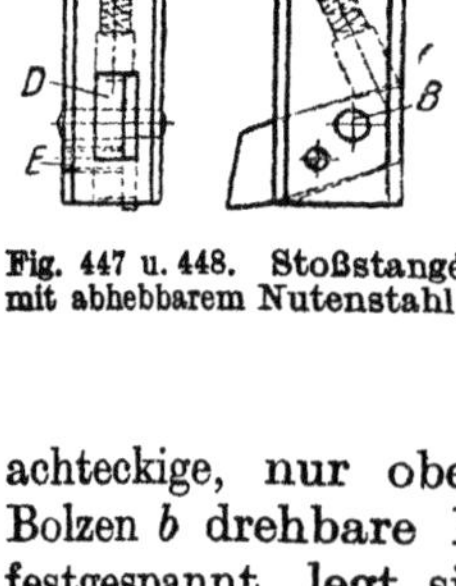

Fig. 447 u. 448. Stoßstange mit abhebbarem Nutenstahl.

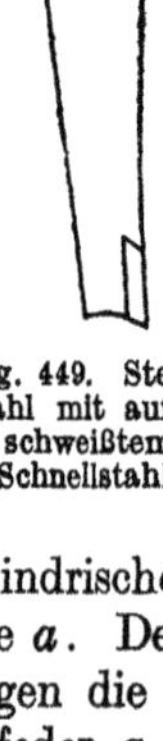

Fig. 449. Stechstahl mit aufgeschweißtem Schnellstahl.

Die Stoßstangen, Fig. 436÷446, haben als Besonderheit alle die drehbare Klappe, die der Schneide gestattet, sich beim Rückgange abzuheben. Sie sind daher, wie bereits oben erwähnt, das einzige Mittel, um die Schneiden zu schonen, und sind deshalb auch für schwere Schnitte bei hohen Arbeitsstücken unentbehrlich. In Fig. 436 ist die runde Stoßstange mit besonderer Einspannvorrichtung für den Stößel versehen und mit einem Klemmring zum bequemen Einstellen der Länge. Der Stahl ist in einer Klappe des viereckigen Kopfes durch die hintere Schraube festgekeilt; er liegt schräg, so daß er bis auf den Tisch der Maschine herabkommen kann, und da er mit der Stange gedreht werden kann, läßt er sich auch zum Stoßen in Ecken usw. einstellen.

Eine ähnliche Konstruktion zeigen Fig. 437÷442 in Einzelheiten und Gesamtansicht. Die achteckige, nur oben zylindrische Stange trägt unten die um den Bolzen *b* drehbare Klappe *a*. Der Stahl *c*, durch die Schrauben *d* festgespannt, legt sich gegen die Nase *e* zur sicheren Unterstützung der Schneide. Die Spiralfeder *g* zieht die Stirnflächen von Stange und Klappe bei *f* immer aneinander, während der Schnittdruck sie fest gegeneinander preßt. Beim Rückgang dreht sich die Klappe entgegen dem Federzug ein wenig in Pfeilrichtung und löst sich dadurch bei *f*. *h* und *i* sind Bolzen zum Halten der Zugfeder. Fig. 440 ÷ 442 zeigen in der Gesamtansicht oben den besonderen Halter und seine Befestigung am Stößel. Die Stange ist mit ihrem zylindrischen Ende in dem Halter drehbar befestigt; festgeklemmt wird sie durch einen Klemmbolzen mit Kopf *l* und Buchse *m*.

Die einfache Konstruktion der quadratischen Stange mit Klappe in Fig. 443 u. 444 bedarf keiner besonderen Erläuterung. Die Spiralfeder der Fig. 437 ist hier durch eine Flachfeder ersetzt.

Eine wesentlich andere Konstruktion einer drehbaren Klappe zeigt Fig. 445 u. 446: Die Klappe *a*, aus Maschinenstahl ausgearbeitet, ist im Halter *b* und Deckel *c* drehbar an zwei Zapfen. Durch beide Zapfen ist Gewinde geschnitten, so daß die Spannschraube von jeder Seite eingeschraubt werden kann Die Klappe liegt beim Stoßen vorn oben und hinten unten fest auf, dreht sich beim Rückgang ein wenig gegen den Federdruck.

Eine einfachere, wenn auch unvollkommenere Konstruktion, bei der unmittelbar der Stahl drehbar ausgeführt ist, zeigt Fig. 447 u. 448. Der Nutenstahl kann sich entgegen dem Druck der Feder *C* um den Bolzen *B* drehen. Das Beilegestück *D* wird durch die Schraube *E* gehalten.

Ebenso wie bei Dreh- und Hobelstählen werden auch bei Stoßstählen Schäfte mit aufgeschweißten Schnellstahlschneiden verwendet. Die Stähle 417 ÷ 421 sind geradezu wie geschaffen dafür, und tatsächlich werden sie auch alle mit stumpf angeschweißtem Kopf aus Schnellstahl hergestellt. Desgleichen wird in Fig. 422 ÷ 428 der Schwanz *e* aus Maschinenstahl an die Keilnutenstähle aus Schnellstahl angeschweißt. Fig. 449 ist ein Stechstahl mit aufgeschweißter Schnellstahlplatte.

2. Ziehstähle.

Stähle. Sie werden fast ausschließlich zum Nuten von Bohrungen benutzt. Im Gegensatz zu den Stoßstählen werden sie in der Hauptsache auf Zug beansprucht, so daß ein Ausbiegen leichter vermieden werden kann. Infolgedessen können sie auch in langen und dünnen Bohrungen ohne Schwierigkeit arbeiten. Für die Konstruktion der Maschine haben sie den Vorzug, daß der Antrieb der Maschine unten liegt, der Aufbau der Maschine daher sehr einfach und standfest wird.

Der Ziehstahl in Fig. 450 ÷ 452, bestehend aus der Stahlstange *a* mit Schneidkopf *b* und Schneide *s*, dient zum Einziehen von Nuten in Bohrungen bis zu einer Länge $= l$. Die Arbeitsstücke werden mit der Bohrung über einen passenden Dorn *e* geschoben, in dessen Schlitz sich der Stahl führt, so daß die Lage der Nut in der Bohrung unbedingt gesichert ist. Hinter dem Stahl *a*, ebenfalls im Schlitz des Dornes, liegt die Keilstange, deren obere schräge Fläche sich gegen die Abschrägung *c* des Stahles legt, einmal um die Querkraft von der Schneide aufzunehmen und damit die Biegungsbeanspruchung des Schaftes zu vermeiden, und dann, um die allmähliche Zustellung der Schneide zu bewirken. Zu dem Zweck macht der Keil zwar die Hubbewegung des Stahles mit, außerdem aber auch eine Eigenbewegung gegenüber dem Stahl. **Erfolgt** diese Eigenbewegung nach unten, drückt sie die Schneide vor, erfolgt sie nach oben, läßt sie die Schneide zurückfedern zur Lösung von der Schnittfläche beim Rückgang. So ersetzt diese Einrichtung also zugleich auch die Klappe der Hobel- und Stoßmaschine. Die Befestigung von Stahl und Keil in der Maschine geschieht durch die Zähne *Z*.

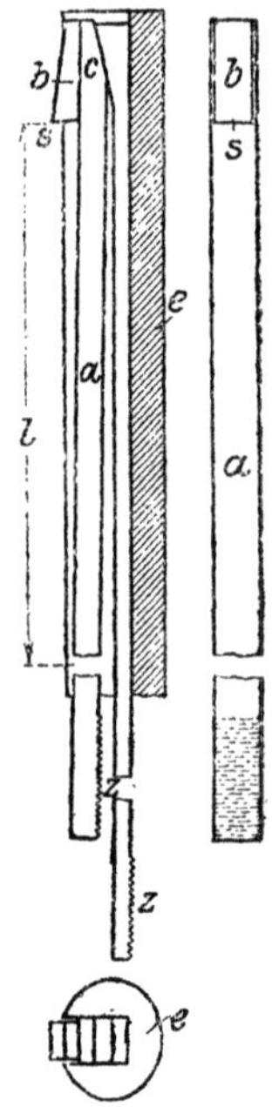

Fig. 450 ÷ 452. Ziehstahl.

Ziehstangen (Halter). Die vollen Ziehstähle sind natürlich wenig wirtschaftliche Werkzeuge, zumal wenn kostbarer Stahl verwendet ist. Daher wird der Kopf *b* des Stahles *a* in Fig. 450 wohl besonders an den langen Schaft angelötet oder angeschweißt. Für größere

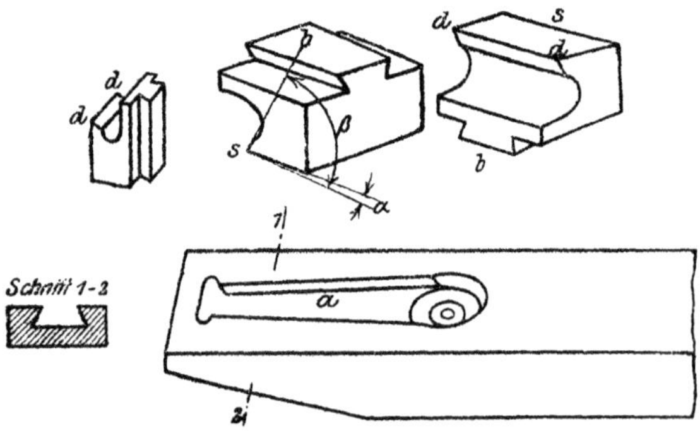

Fig. 453 ÷ 457. Ziehstange mit Einsatzstählen.

Bohrungen werden Ziehstangen mit eingesetztem Messer benutzt. Fig. 453 ÷ 457 zeigt den oberen Teil einer Stange mit drei Messern, die mit der schwalbenschwanzförmigen und konischen Feder *b* in der entsprechenden Nut *a* der Stange befestigt werden. Der Rückenwinkel *α* der Schneide *s* ist etwa 3°, der Schnittwinkel *β* etwa 80°. Im übrigen arbeitet diese Stange geradeso wie der Stahl Fig. 450.

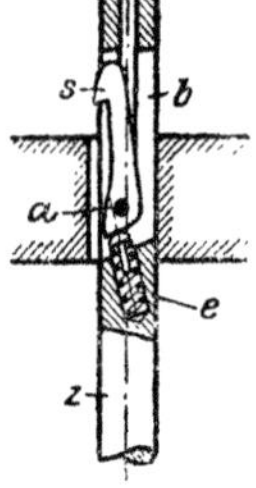

Fig. 458. Ziehstange mit Flachstahl.

Fig. 458 ist ein Halter für eine andere Art von Ziehmaschine. Der Stahl *s* sitzt um den Stift *a* drehbar in der Zugstange *z*, die den Durchmesser der Bohrung hat. Der unten abgeschrägte Stift *c* dient zum Zustellen dadurch, daß er am Ende des Rückganges gegen den Anschlag *f* stößt und infolgedessen die Schneide vorschiebt entgegen dem Druck der Feder *e*. Ein Abheben der Schneide beim Rückgang findet nicht statt. Bei all diesen Stählen ändern sich mit der Zustellung die Winkel der Schneide, bei Fig. 458 mehr als Fig. 454, da der Hebelarm der Drehung kürzer ist.

Eine dritte Art von Ziehstangen zeigt Fig. 459 u. 460. *s* ist der Einsatzstahl, der mit seinem rechteckigen Schwanze in dem Schlitze *a* der

Stange durch Schraube *b* festgeklemmt wird. Um an *b* herankommen zu können, besteht die Stange aus zwei Teilen, die durch Gewinde *e* miteinander verbunden und ober- und unterhalb des Stahles geradegeführt werden. Diese Stangen sind dünner als die Bohrung, die daher besonders zentriert werden muß. Bei dem Einsatzstahl läßt sich sehr gut, ebenso wie bei Fig. 432, der Schneidkopf aus Schnellstahl an den Schwanz aus Maschinenstahl anschweißen.

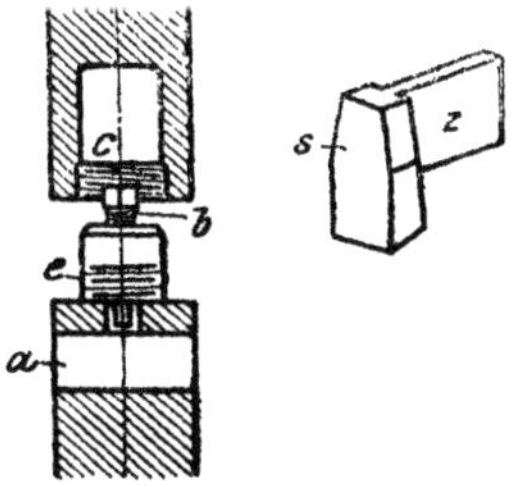

Fig. 459 u. 460. Geteilte Ziehstange mit Einsatzstahl.

VI. Wahl der Stahlsorte.

1. Allgemeines über Werkzeugstahl.

Anforderungen. Für Schneidwerkzeuge, wie Dreh- und Hobelstähle usw., wird fast ausschließlich Werkzeugstahl verwendet, ein Stahl, der, im Gegensatz zu dem meist für Maschinenteile verwendeten Maschinenstahl, sehr fest und hart ist, und beim Härten (Abschrecken aus Rotglut) glashart wird. Hierdurch wird er fähig, andere Metalle, auch harten Stahl und hartes Gußeisen zu schneiden. Doch diese Eigenschaften reichen noch nicht aus. Werkzeugstahl muß trotz seiner Härte auch eine gewisse Zähigkeit haben, damit unter der starken und wechselnden Beanspruchung beim Schneiden die Schneidkante nicht leicht ausbricht. Härte und Zähigkeit sind es in erster Linie, die dem Stahl die Schneidhaltigkeit geben. Werkzeugstahl muß sich ferner nicht zu schwer in die verschiedenen Werkzeugformen überführen lassen und darf beim Härten nicht reißen oder abplatzen.

Um alle diese Anforderungen erfüllen zu können, muß Werkzeugstahl zwei Bedingungen genügen: er muß erstens eine bestimmte chemische Zusammensetzung haben, möglichst frei von schädlichen Bestandteilen, wie Schwefel, Phosphor usw.; er muß zweitens ein gut durchgearbeitetes, gleichmäßiges, feines Gefüge haben, frei von Rissen, Blasen, Falten, Schlackeneinschlüssen usw., das auch nicht durch falsche Wärmebehandlung verdorben sein darf.

Prüfung der Werkzeugstähle. Die beste und sicherste Prüfung besteht darin, ein Probewerkzeug herzustellen und seine Leistungsfähigkeit, d. h. seine Schneidhaltigkeit, praktisch durch Schneidversuche zu erproben. Derartige Versuche sind zwar an und für sich einfach, verlangen aber doch, wenn man sie richtig beurteilen und miteinander vergleichen will, viel Erfahrung, Arbeitsstücke aus gleichmäßigem Material, Schneiden von immer genau gleicher Form und auch besondere Einrichtungen, um den Augenblick, wo die Schneide stumpf wird, sicher zu erfassen. Dann aber geben diese kurzen Proben oft zuverlässigeren Aufschluß als lange Betriebserfahrung.

Die anderen Prüfungen: die mechanisch-physikalische, die chemische, die optische (metallographische) dienen entweder als Ersatz oder zur Ergänzung der praktischen Prüfung; sie sollen in erster Linie den Grund für gute oder schlechte Leistung eines Stahls herausfinden.

Die physikalisch-mechanische Prüfung ermittelt die Festigkeit, Dehnung und vor allem die Härte des Werkzeugstahls. Besonders wichtig ist die Härte der fertig gehärteten und geschliffenen Schneide. Ist sie zu klein, wird unter Umständen die Schneide beim Arbeiten sofort völlig zerstört; ist sie zu groß, bröckelt die Schneide leicht aus. Früher bestimmte man die Härte der Schneide ausschließlich durch die „Feilenprobe“: eine scharfe Feile oder ein Schaber darf an eine glasharte Fläche nicht „anfassen“, darf nicht „kleben“. Seit etwa $1^1/_2$ Jahrzehnten wird in steigendem Maße auch das „Skleroskop“ benutzt, bei dem bekanntlich die Rücksprunghöhe eines kleinen Fallkörpers als Maß für die Härte dient. Da dies Instrument sehr handlich ist, das persönliche Empfinden ausschaltet und alle Stufen zwischen weich und glashart mißt, so ist es zweifellos sehr wertvoll. Aber es ist schwierig, eine schiefe Fläche, wie es die Schneidenfläche meist ist, mit ihm zuverlässig zu prüfen, ganz abgesehen von der unzulänglichen Eichung des Instruments. Dazu kommt, daß ein einfacher und klarer Zusammenhang zwischen Skleroskophärte und Schneidhaltigkeit nicht besteht. Wohl darf die Härte unter eine gewisse Grenze nicht sinken, aber es ist durchaus nicht der Fall, daß darüber hinaus auch immer der größeren Härte die größere Schneidhaltigkeit entspricht. Das gilt ganz besonders für Schnellstahl.

Die chemische Prüfung stellt den Gehalt an allen im Stahl enthaltenen Stoffen fest und vermag auch in vielen Fällen anzugeben, von welchem Stoff zu viel oder zu wenig im Stahl enthalten ist und weshalb er versagt hat. Sie ist ferner von großem Wert für die Beurteilung des Preises; denn die Stahlwerke weigern sich meist, den Gehalt an den wertvollen und teuren Stoffen (Wolfram, Molybdän, Vanadin usw.), die einen hohen Preis rechtfertigen würden, bekanntzugeben. Überhaupt wollen sie sich nicht an eine bestimmte Zusammensetzung binden. Richtig ist ja, und auch schon oben erwähnt, daß die Zusammensetzung allein die Güte eines Stahles nicht verbürgen kann, wohl aber muß der Preis in einem vernünftigen Verhältnis stehen zu der Menge der wertvollen, die Güte steigernden Stoffe.

Weder die mechanische noch die chemische Untersuchung vermögen über die Verteilung und die Form der einzelnen Stoffe im Stahl etwas auszusagen, also auch nicht anzugeben, ob das Gefüge gesund, gleichmäßig, zweckentsprechend ist. Oberfläche und frischer Bruch sagen dem bloßen Auge des Erfahrenen schon allerhand, lassen ihn den Einfluß der Wärmebehandlung und oft auch gröbere Fehler erkennen; aber sie täuschen doch auch sehr leicht, und das Wesen des Gefüges entschleiern sie nicht. Das ist dagegen seit etwa einem Jahrzehnt der strengen optischen (metallographischen) Untersuchung gelungen, die das Gefüge im sauber geschliffenen und geätzten oder polierten Querschnitt (Schliff) darstellt. Sie betrachtet es mit dem unbewaffneten Auge und besonders unter dem Mikroskop und versteht auch das vergrößerte Bild photographisch festzuhalten. Sie zergliedert den meist gar nicht einfachen Aufbau des Gefüges, erkennt vielfach den Zusammenhang des Gefüges mit den physikalischen und chemischen Eigenschaften und kann oft aus dem Gefüge auf die vorhergegangene Behandlung schließen und dadurch begangene Fehler erkennen und vermeiden lehren. Die Metallographie hat so die Kenntnis und richtige Beurteilung der Werkzeugstähle erheblich gefördert und wird von immer größerem Nutzen werden; doch ist hier nicht der Platz, auf ihre Ergebnisse näher einzugehen.

Die meisten Verbraucher von Werkzeugstahl können nun aber die besprochenen Untersuchungen nicht selbst ausführen, noch wollen sie sie ausführen lassen; sie sind daher ganz von ihrem Lieferanten abhängig. Ihnen allen sollte daher erster Grundsatz sein: stets und ausschließlich von bewährten Werken zu kaufen, die jederzeit für die Güte ihrer Erzeugnisse einstehen.

Herkunft der Werkzeugstähle. Bis vor wenigen Jahren konnten die hohen Anforderungen, die an Werkzeugstahl gestellt werden, nur erfüllt werden durch den sog. Tiegelstahl (Tiegelgußstahl), einen Stahl, der durch Umschmelzen von reinem Rohstahl in Tiegeln von 50 ÷ 60 kg Inhalt erhalten wird. Auch heute noch wird der Tiegelstahl, der ein sehr kostbares und edles Material ist, viel verwendet, doch ist ihm im Elektrostahl ein starker Wettbewerber erwachsen. Elektrostahl wird aus gewöhnlichem, billigem Rohstahl im elektrischen Ofen von 3 ÷ 6 t Inhalt erschmolzen und wird dadurch ebenso rein in seiner Zusammensetzung wie Tiegelstahl, ja die schädlichen Bestandteile, vor allem Schwefel und Phosphor, können in noch engeren Grenzen gehalten werden. Ob er aber in jeder Hinsicht ganz so gut, besonders so gleichmäßig ist wie Tiegelstahl, darüber gehen die Ansichten heute noch auseinander. Jedenfalls hat seine Verwendung in den letzten Jahren gewaltig zugenommen. Sein Hauptvorzug ist seine Billigkeit: er kostet etwa 30% weniger als Tiegelstahl.

Für die Güte des Gefüges ist in beiden Fällen die weitere Verarbeitung der gegossenen Blöcke maßgebend; sie soll in erster Linie durch Schmieden erfolgen.

2. Die verschiedenen Sorten Werkzeugstahl.

Kohlenstoffstahl. Bis vor etwa 25 Jahren war fast aller Werkzeugstahl sog. Kohlenstoffstahl. Das ist ein Stahl, bei dem das Eisen, abgesehen von etwas Mangan und Silizium, nur mit Kohlenstoff legiert ist, dessen Menge die wichtigsten Eigenschaften des Stahles: Härte, Festigkeit, Härtbarkeit und Schneidhaltigkeit bestimmt. Ihn meinte man, wenn man von Werkzeugstahl sprach, und auch heute noch wird für Kohlenstoffstahl oft kurzweg Werkzeugstahl gesagt, obwohl inzwischen viele andere Stahlsorten für Werkzeuge Verwendung gefunden und den Kohlenstoffstahl für manche Zwecke ganz verdrängt haben. Der Gehalt an Kohlenstoff ist bei Werkzeugstahl verhältnismäßig hoch (0,8 ÷ 1,6%), gegenüber Maschinenstahl (0,2 ÷ 0,8%). Für Dreh- und Hobelstähle, die im Gegensatz zu manchen anderen Werkzeugen ruhig und ziemlich stoßfrei arbeiten, nimmt man Stahl höchster Härte und Festigkeit, entsprechend einem Kohlenstoffgehalt von 1,2 ÷ 1,4%.

Dieser Stahl kann noch in jeder Weise bearbeitet werden, wird durch Abschrecken aus Rotglut glashart und durch Ausglühen wieder weich.

Legierte oder Sonderstähle. Darunter werden Stähle verstanden, die außer mit Kohlenstoff noch mit kleineren oder größeren Mengen anderer Stoffe legiert sind, damit die Stahlschneiden leistungsfähiger werden für die verschiedenen Zwecke. Solche Stoffe, die zugesetzt werden, sind hauptsächlich Mangan, Chrom, Wolfram, Molybdän, Vanadin, Kobalt.

Bei geringen Mengen dieser fremden Stoffe wird der Stahl etwas härter, zäher, fester, unempfindlicher oder schneidhaltiger, je nach dem Stoff, jedoch ändert sich sein Gefüge, überhaupt sein eigentliches Wesen nicht. Bei wachsender Menge der zugesetzten fremden Stoffe dagegen tritt eine große Änderung im Gefüge und in den Eigenschaften ein. Diese Änderung zeigt sich im Verhalten, z. B. darin, daß der Stahl, ohne abgeschreckt oder sonst irgendwie behandelt zu sein, glashart ist, so daß er also ohne weiteres zum Schneiden benutzt werden kann. Derartige Stähle nennt man naturharte Stähle. Es kann die Änderung auch darin bestehen, daß der Stahl zunächst weich ist und glashart wird, wenn man ihn aus der Rotglut einfach an der Luft abkühlt. Derartige Stähle heißen Selbsthärter. Naturharte Stähle und Selbsthärter enthalten neben Kohlenstoff etwas Mangan, bis etwa 10% Wolfram und etwas Chrom.

Schnellstähle. Eine besondere Gruppe der Selbsthärter bilden die Schnellstähle. Sie enthielten vor dem Kriege neben $0{,}6 \div 0{,}8\%$ Kohlenstoff: $12 \div 20\%$ Wolfram, $2 \div 6\%$ Chrom, $0{,}5 \div 1{,}5\%$ Vanadin und bis 5% Kobalt; dazu hat man zuletzt in Amerika wohl noch geringe Mengen Uran gegeben. Während des Krieges hat man Schnellstahl zuerst hoch mit Molybdän legiert anstelle des Wolframs, das aus Mangel an Rohstoffen nicht mehr in genügender Menge dargestellt werden konnte. Molybdän ersetzt ungefähr die 2 bis 3fache Menge Wolfram; man hat nun sowohl alles Wolfram durch Molybdän (etwa 8%) ersetzt, wie auch einen Teil, so daß der Stahl Molybdän neben Wolfram enthält. Die besten Molybdänschnellstähle enthalten dazu noch etwas Chrom, Vanadin oder Kobalt. Soweit Erfahrungen bislang vorliegen, ersetzen sie die Wolframstähle recht gut, jedenfalls stehen ihre Schruppleistungen kaum hinter denen der besten Wolframstähle zurück.

Das gleiche gilt nicht von den eigentlichen Ersatzschnellstählen, die weder Wolfram noch Molybdän, sondern nur ziemlich viel $(8 \div 12\%)$ Chrom enthalten, neben einem besonders hohen Kohlenstoffgehalt. Sie leisten erheblich weniger als die guten Schnellstähle.

Ungehärtet können die Schnellstähle fast wie Kohlenstoffstähle bearbeitet werden. Durch Abkühlen aus der Weißglut ($1200 \div 1300^\circ$ C) in Luft, Öl oder anderen mild wirkenden Flüssigkeiten werden sie glashart, durch Ausglühen bei etwa 800° C wieder weich. Die wichtigste Eigenschaft des Schnellstahles ist seine Härtebeständigkeit, er hält beim Wiedererwärmen (Anlassen) nach dem Abschrecken seine Härte sehr fest, so daß sie nur wenig abnimmt, selbst wenn die Temperatur auf 500 bis

600° gesteigert wird. Kohlenstoffstahl dagegen fängt schon bei 200° an, wieder merklich weicher zu werden. Auf dieser Widerstandskraft gegen Erwärmung beruht die große Leistungsfähigkeit der Schnellstähle, da, wie wir früher gesehen haben, die Schneide um so höhere Schnittgeschwindigkeiten aushalten kann, je höhere Temperaturen sie verträgt. Hingegen wäre es ein Irrtum zu glauben, daß gehärteter Schnellstahl bei Zimmertemperatur härter wäre als gehärteter Kohlenstoffstahl. Tatsächlich ist er erheblich weniger hart, zeigt zum Beispiel am Skleroskop nur 70 bis 85 Punkte gegen 90 bis 105 beim härtesten Kohlenstoffstahl.

3. Auswahl für die verschiedenen Stähle.

Für Schruppstähle. Schruppstähle bzw. Schruppstahlschneiden werden in gut geleiteten Betrieben nur noch aus Schnellstahl angefertigt. Das gilt in erster Linie für die Bearbeitung von Eisen und Stahl, aber auch für Rotguß, Bronze usw., und sogar für Holz hat er sich sehr gut bewährt.

Für geringere Leistungen benutzt man die Ersatzschnellstähle mit Chrom, oder in Stahlhaltern manchmal noch den vor der Erfindung des Schnellstahls viel gebrauchten billigeren naturharten Stahl; während Kohlenstoffstahl heute für Schruppstähle ganz unzeitgemäß ist[1]). Das gleiche gilt für Stechstähle.

Für die Bearbeitung sehr harter Arbeitsstücke, wie Hartgußwalzen, hartgebremste Bandagen, Panzerplatten usw., bei denen eine große Schnittgeschwindigkeit und Spanleistung nicht möglich ist, hat sich neben ganz hoch legiertem Schnellstahl ein legierter Stahl mit 6 bis 8% Wolfram bewährt.

Ein merkwürdiges Material, Stellit genannt, das seit einigen Jahren bekannt geworden ist, unterscheidet sich von allen Werkzeugstählen dadurch, daß es kein Eisen enthält, also kein „Stahl“ ist. Es besteht aus einer Legierung etwa zur Hälfte aus Kobalt, zur anderen Hälfte aus Molybdän, Chrom und Wolfram. Es wird in Stangen gegossen und wegen seiner Härte und geringen Zähigkeit weder geschmiedet noch gehärtet, nur durch Schleifen bearbeitet. Dabei ist es so hart und härtebeständig, daß es sich im Gebrauch auch bei hoher Schneidtemperatur nur sehr wenig abnutzt. Infolgedessen verträgt es 3 bis 4mal so hohe Schnittgeschwindigkeiten wie Schnellstahl; doch sollen Schnitttiefe und Vorschub nicht zu groß werden. Stellit wird in Stahlhaltern verwendet. Sein Hauptnachteil ist sein hoher Preis, der erheblich höher ist als der für Schnellstahl.

Schließlich mag noch darauf hingewiesen werden, daß brauchbare Drehstähle sich auch aus Hartguß, d. i. gewöhnlicher Grauguß in Kokille vergossen, herstellen lassen. Wenn ihre Leistungen auch nicht mit denen aus Schnellstahl zu vergleichen sind, so gestatten sie doch teilweise höhere Schnittgeschwindigkeiten als Dreh- oder Hobelstähle aus gewöhnlichem Werkzeugstahl. (Näheres siehe Werkstattstechnik 1917, S. 336.)

[1]) Bezieht sich auf Friedensverhältnisse.

Für Schlichtstähle. Für Schlichtstähle ist Schnellstahl nicht durchaus nötig, nicht einmal immer am geeignetsten. Doch wird er in manchen Werkstätten grundsätzlich für alle Schneidstähle benutzt und hat auch den Vorzug, daß er sich weniger leicht abnutzt.

Bester Kohlenstoffstahl, besonders mit $^1/_2 \div 1^1/_2$% Wolfram oder Chrom, ist für das Schlichten aller nicht zu harten Materialien recht gut brauchbar und seines geringeren Preises wegen besonders dann vorzuziehen, wenn es sich um schwere, nicht zu oft benutzte Stähle handelt oder um Stähle, die, wie Bohrstähle, schlecht ausgenutzt werden.

Für Formstähle. Formstähle, die sehr viel zu leisten haben, werden aus Schnellstahl, die selten benutzt werden, aus Kohlenstoffstahl hergestellt. Wird eine besonders feine, saubere Schneide verlangt, die möglichst lange ohne Schleifen arbeiten kann, wie für Massenfabrikation auf Revolverbänken und Automaten, so verwendet man am besten einen Stahl mit $3 \div 4$% Wolfram und für Stähle von sehr verwickelter Form einen Stahl mit noch $1 \div 2$% Vanadin, das die Feuerempfindlichkeit herabsetzt und dadurch ein Reißen beim Härten verhindert.

VII. Die Herstellung der Schneidstähle.

Jeder Betrieb stellt sich seine Stähle selbst her. Auch dann, wenn zunächst Stähle mit einer Maschine mitgeliefert werden oder Einsatzstähle mit den gekauften Haltern, ist doch bald ihr Ersatz nötig, und nur in wenigen Fällen, wie bei den Gewindeeinsatzstählen (Fig. $254 \div 262$) oder den gebogenen Einsatzstählen (Fig. 201) werden sie von dem ursprünglichen Lieferanten nachbe zogen, sonst immer im Betrieb hergestellt.

Vor allen Dingen sind aber alle Stähle dauernd instand zu halten. In größeren Betrieben ist eine besondere Abteilung vorhanden, die ausschließlich die Anfertigung, Instandhaltung, Ausgabe und Kontrolle der Stähle (wie aller anderen Werkzeuge) besorgt.

Es ist nicht beabsichtigt, im folgenden die Herstellung aller Arten Schneidstähle ausführlich zu beschreiben, vielmehr soll nur von den Stählen mit einfacher Schneide (gewöhnliche Schruppstähle, Schlichtstähle usw.) die Rede sein und über deren Herstellungsstufen nur ein Überblick gegeben werden. Dabei sollen die zur Herstellung nötigen Maschinen nicht beschrieben werden, wohl aber einzelne Sondereinrichtungen. Die Herstellungsstufen sind: Abtrennen von der Stange, Schmieden, Vorschleifen (Hobeln, Feilen), Härten und Fertigschleifen; dazu kommt noch für die Schäfte mit festverbundener Schneide: Aufschweißen oder -löten.

1. Das Abtrennen.

Das Material für die Stähle wird in langen Stangen bezogen, von denen das benötigte Stück abgenommen wird. Am besten geschieht das kalt durch Abschneiden mit der Kreissäge, Bandsäge oder Abstechmaschine. Das ist für das Material durchaus unschädlich und der Verlust an Material ist dabei gering.

Sind die nötigen Maschinen nicht vorhanden oder ist die Stange zu lang, so muß man das Stück von der Stange abschmieden. Das sollte stets warm geschehen; mindestens aber sollte man warm einkerben. Nur dünne Stangen aus Kohlenstoffstahl darf man kalt kerben und abschlagen. Tut man das dagegen bei starken Querschnitten oder gar bei Schnellstahl, so ergibt sich ein großer Materialverlust, und es entstehen starke Spannungen und nicht selten sogar Risse im Material.

Bevor man die Stange ins Feuer legt, bezeichnet man die Stelle, an der abgeschmiedet werden soll, durch einen Hieb. Bei Massenherstellung empfiehlt es sich, immer ein Stück gleich der Länge von zwei Stählen abzuschlagen, das dann geteilt werden kann, während die Stange wieder warm gemacht wird. Für viele Stähle ist es zweckmäßig, das eine Ende schräg unter 40° oder 60° abzuschmieden (Fig. 461).

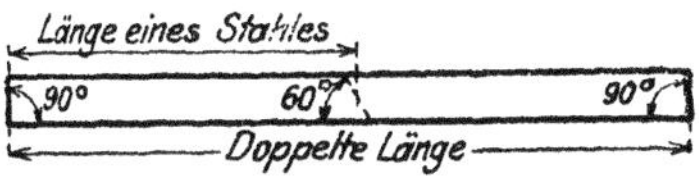

Fig. 461. Stück für zwei Stähle.

Zur Kennzeichnung des Materials erhält die Stange einen Farbanstrich, am besten der ganzen Länge nach. Da dieser Anstrich aber am abgetrennten Stück während der Bearbeitung oder beim Gebrauch nicht erhalten bleibt, empfiehlt es sich, gleich nach dem Abtrennen von der Stange, oder wenn das Material zu hart ist, nach dem Ausglühen, das Stück durch Einschlagen irgendwelcher Zeichen zu kennzeichnen, so daß man die Art des Materials und vielleicht auch den Lieferanten sicher daraus entnehmen kann. Nur dann sind bei der weiteren Behandlung Fehler, die unter Umständen den Stahl vollständig verderben können, zu vermeiden. Wenn die Stähle geschmiedet werden, so kann das Bezeichnen nach dem Schmieden geschehen.

2. Das Schmieden.

Der wichtigste Grundsatz für das Schmieden der Stähle sollte sein: Das Schmieden ist nach Möglichkeit einzuschränken. Das bedeutet: Die Stahlformen sind möglichst so zu wählen, daß sie mit wenig oder ganz ohne Schmieden hergestellt werden können. Das Schmieden soll möglichst vermieden werden, weil es kostspielig ist und der Stahl dabei leicht verdorben wird. Es können schädliche Veränderungen sowohl der chemischen Zusammensetzung eintreten (z. B. durch Zufuhr von Schwefel oder Entkohlen). wie auch des Gefüges (durch falsche Temperaturen), oder es können Spannungen und Risse entstehen.

Das Erwärmen des Stahls. Die meisten Härteöfen sind geeignet, doch geschieht das Erwärmen gewöhnlich im Schmiedefeuer.

Als Brennstoff wird vor allem Holzkohle empfohlen, da sie keinen Phosphor und Schwefel enthält, die in den Stahl gehen könnten, und da sie mit einem weniger starken Luftstrom zum Brennen auskommt. Jedoch ist sie erheblich teurer als Schmiedekohle und Koks und weniger ausgiebig, da ihr Wärmeinhalt geringer ist. Daher werden meistens Schmiedekohlen oder Koks vorgezogen, und wenn sie von guter und geeigneter Beschaffenheit sind, ist gegen sie auch nicht allzuviel einzuwenden; doch sollten sie auf jeden Fall erst ausgeflammt haben, bevor der Stahl hineingelegt wird. Zu empfehlen ist, eine starke Glut auf dem Herd zu entfachen und dann, sobald der Stahl dunkelrotwarm geworden ist, den Wind abzustellen und die Glut den Stahl durchwärmen zu lassen. Damit vermeidet man die Gefahr, daß der hellglühende Stahl vom Windstrom getroffen und beschädigt wird. Noch richtiger ist es, aus dem Brennstoff eine Art Muffel zu bilden, dadurch, daß man ihn reichlich um ein Holzscheit aufhäuft, die Glut anfacht und außen ablöscht, so daß allmählich eine feste Wand entsteht. Zieht man dann das Holz heraus, so hat man bald eine innen stark glühende Muffel, deren Wand, wie sie innen allmählich abbrennt, von außen durch

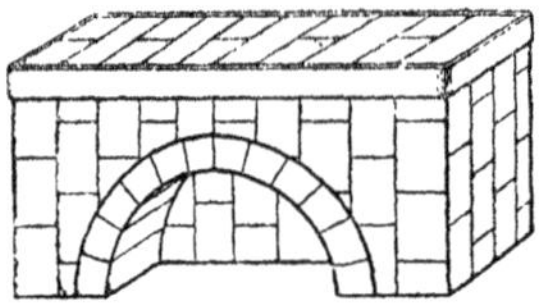

Fig. 462. Aufbau für Schmiedeherd.

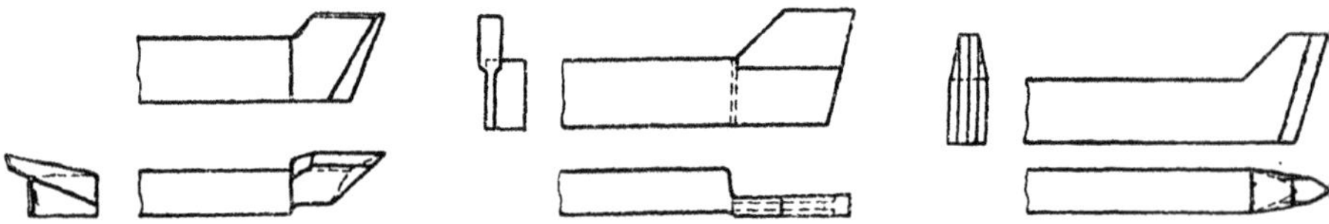

Fig. 463 ÷ 465. Fig. 466 ÷ 468. Fig. 469 ÷ 471.

Fig. 463 ÷ 471. Drei geschmiedete Stähle.

Zugabe von frischem Material und Ablöschen erhalten wird.

Für Massenfabrikation ist auch ein Aufbau aus Schamottesteinen über dem Herd zweckmäßig (Fig. 462), da er die Glut gut und gleichmäßig zusammenhält und ebenfalls verhütet, daß der Stahl unmittelbar vom Luftstrom getroffen wird.

Das Erwärmen des Stahls muß anfangs langsamer, dann schnell geschehen und möglichst gleichmäßig, damit keine Risse im Stahl entstehen. Dazu ist es gut, ihn im Feuer oft umzuwenden und ab und zu herauszuziehen, damit die Ecken und Spitzen sich schnell etwas abkühlen können. Ganz besonders wichtig ist das für Schnellstahl, weil er die an einer Stelle entstandene Hitze viel weniger leicht als Kohlenstoffstahl zu anderen Stellen weiterleitet (siehe auch Seite 101) und sich dadurch leicht ungleich erhitzt.

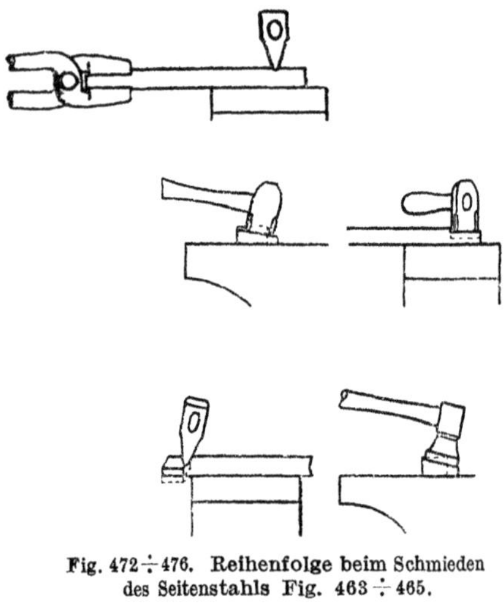

Fig. 472 ÷ 476. Reihenfolge beim Schmieden des Seitenstahls Fig. 463 ÷ 465.

Die Temperaturen, bis zu denen der Stahl für das Schmieden erhitzt wird, sollen sein:

für Kohlenstoffstahl . . . . . . 900 bis 950° C (hellrot),
„ Wolframschnellstahl . . . . 1100 „ 1200° C (zitronengelb),
„ Molybdänschnellstahl . . . . 950 „ 1000° C (lachsrot).

Überschreitet man diese Temperaturen erheblich, so wird der Stahl weniger geeignet zum Schmieden. Kohlenstoffstahl wird durch zu hohe Temperatur mürbe und spröde und kann durch kein Mittel wieder ganz so gut werden wie vorher. Das beste ist noch, die ganze zu hoch erhitzte Stelle bei richtiger Temperatur kräftig zu überschmieden.

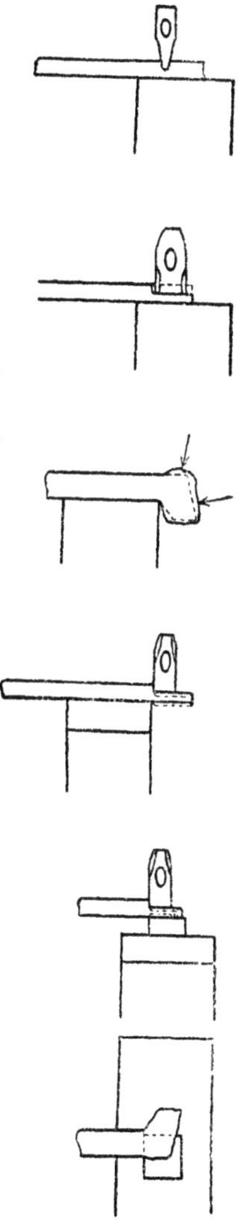
Fig. 477÷482. Reihenfolge beim Schmieden des Abstechstahls Fig. 466÷468.

Das Schmieden. Es muß mit ausreichend kräftigen Schlägen geschmiedet werden, weil sonst der Stahl ungleiches Gefüge bekommt und zu viel Hitzen zum Schmieden nötig sind. Die Kraft der Schläge muß natürlich nach der Größe des Stahlquerschnittes bemessen werden.

Das Schmieden darf nur fortgesetzt werden: bei Kohlenstoffstahl bis 700° (dunkle Rotglut), bei Schnellstahl bis 900° (helle Rotglut). Schmiedet man auch bei geringerer Wärme noch weiter, so entstehen leicht Spannungen und Risse.

Schmieden einzelner Stahlformen. Trotz der Beschränkung des Schmiedebereiches ist es erwünscht und oft auch erreichbar, mehrmaliges Erwärmen zu vermeiden und den Stahl, abgesehen vom Abschmieden, möglichst in einer Hitze fertigzustellen. Bei einfachen Formen geht das ohne weiteres, wie z. B. bei dem Schruppstahl Fig. 63, bei dem die einzelnen Vorgänge folgendermaßen hintereinander folgen: Ausstrecken des Kopfes, Biegen und Kröpfen auf dem runden Horn, schräges Abschroten der Rückenfläche.

Der Taylor-Schruppstahl Fig. 76 verlangt dagegen zwei Hitzen bei folgender Arbeitsfolge: 1. Hitze: Aufbiegen des Kopfes, Ebnen und Abschrägen der Seitenflächen, scharfkantiges Ausschmieden der Biegung. 2. Hitze: Brustfläche schräg und auf Länge abschroten, seitlich kröpfen.

Für das Schmieden der drei Stähle Fig. 463 ÷ 471 ist die Reihenfolge der einzelnen Arbeiten in Fig. 472 bis 485 dargestellt. Zu dem Seitenstahl Fig. 463 ÷ 465 gehört die Reihe Fig. 472 ÷ 476: Einkerben, Herunterschmeiden des Kopfes, Kröpfen und Abschroten; zum Abstechstahl Fig. 466 ÷ 468 gehört die Reihe Fig. 477 bis 482: Einkerben, Absetzen des Kopfes, Geraderichten der Kanten, Kröpfen, Absetzen des unteren Kopfteils und scharf ausschmieden; zum Spitzgewindestahl Fig. 469 ÷ 471 gehört die Reihe Fig. 483 ÷ 485:

Aufbiegen des Kopfes und Flächen schmieden, Flächen abschrägen, Kanten scharf ausschmieden, Abschroten der Kopfhöhe und des Flankenwinkels.

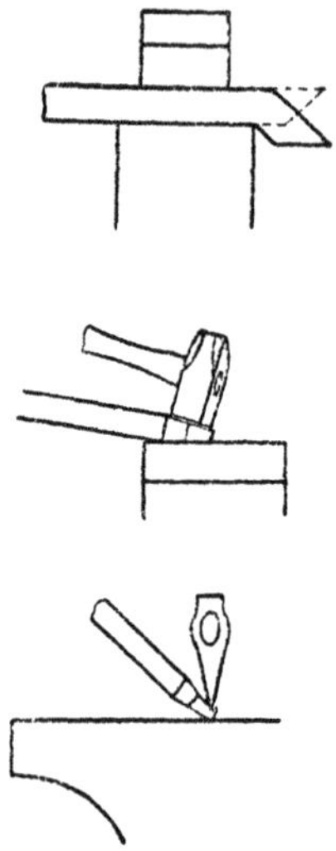

Fig. 483÷485. Reihenfolge beim Schmieden des Spitzgewindestahls Fig. 469÷471.

Hilfseinrichtungen. Da die gleichen Stahlformen immer wiederkehren, empfiehlt es sich, dem Schmied einen Musterstahl und möglichst auch Lehren zu geben. Dadurch wird nicht nur die richtige Form gesichert, es wird auch die Arbeitszeit abgekürzt.

Fig. 486 ist eine Lehre für den Rückenwinkel, die in den Amboß eingesetzt wird, Fig. 487 ist eine Handblechlehre zum Ablängen der Kopfhöhe hochgekröpfter Stähle, Fig. 488 ist eine zusammengesetzte Lehre für die Gesamtform des Taylor-Stahls. Die Blechlehre, Fig. 489÷491, dient zum Messen aller wichtigen Größen des zur Aufnahme eines Schnellstahlplättchens abgesetzten Schaftes; es wird gemessen: Tiefe des Absatzes, Neigung der Brustfläche von vorn und von der Seite und Neigung der Schneidkante. In gleicher Weise können mit derartigen Blechlehren auch geschmiedete Stähle nachgemessen werden.

Das Schmieden selbst wird noch besonders erleichtert durch Arbeitsvorrichtungen, vor allem Gesenke. Sie ermöglichen es, unter Umständen auch verwickelte Formen in einer Hitze herzustellen; sie sollten daher in größeren Betrieben nicht fehlen.

Fig. 486. Lehre für den Rückenwinkel.

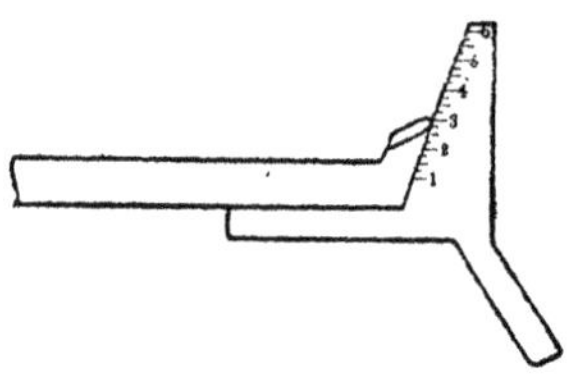

Fig. 487. Lehre zum Ablängen des Schneidkopfes.

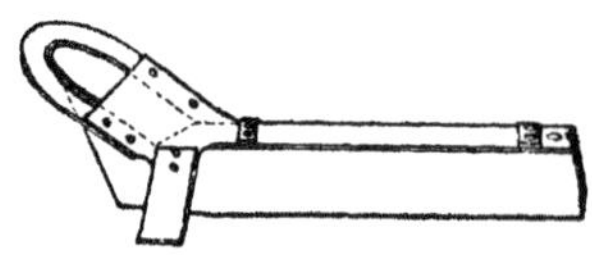

Fig. 488. Gesamtlehre für den Taylor-Stahl.

Fig. 492 u. 493 ist eine Spannvorrichtung für den Amboß, die beim Biegen des Kopfes mit dem Handhammer den Schaft festhält; ein Schlag

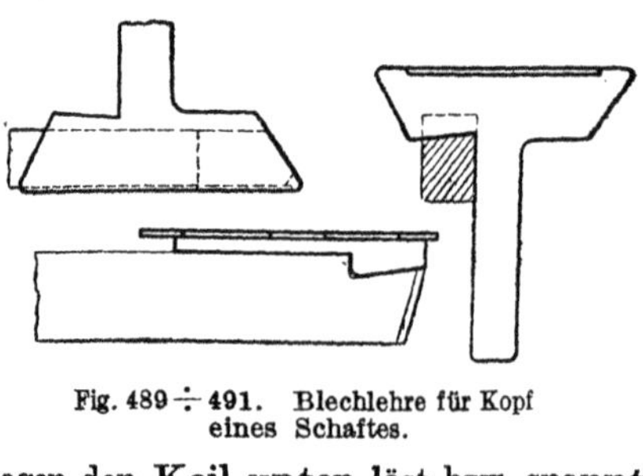

Fig. 489÷491. Blechlehre für Kopf eines Schaftes.

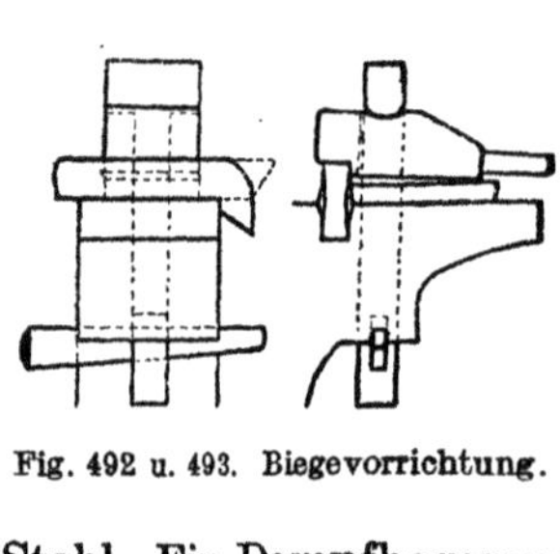

Fig. 492 u. 493. Biegevorrichtung.

gegen den Keil unten löst bzw. spannt den Stahl. Ein Dampfhammergesenk zum Hochbiegen des Kopfes ist Fig. 494. Der Stahl wird eingelegt, und der Hammer biegt mittels des hineingehaltenen Keils *k* den Stahl durch. Das einfache, in den Amboß einzusetzende Gesenk Fig. 495 u. 496 dient zum Absetzen des Kopfes am Schaft Fig. 489. Entsprechende Gesenke können auch unter einer Presse benutzt werden und ebenso wie für Schäfte auch für Stähle. Dasselbe gilt für das Ober- und Untergesenk, Fig. 497 u. 498, das zunächst zum Absetzen und Kröpfen des Kopfes eines Schaftes konstruiert ist. Im Untergesenk, Fig. 498, ist der Schaft, der in senkrechter Lage gehalten wird, eingezeichnet, die fertig gepreßte Form: ausgezogen, die unbearbeitete Form: gestrichelt. Die Schrägen des Ansatzes *a* dienen

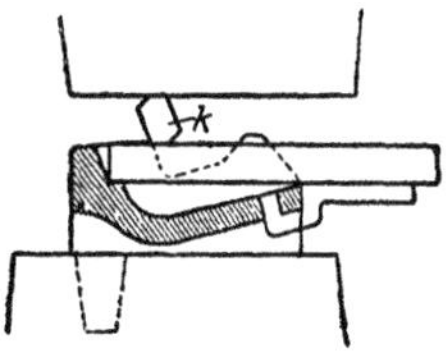

Fig. 494. Bieggesenk für Dampfhammer.

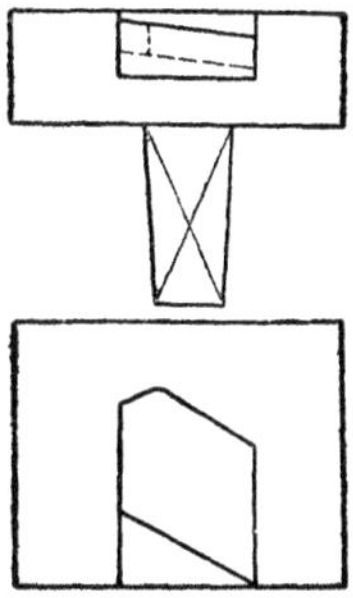

Fig. 495 u. 496. Einfaches Gesenk zum Absetzen.

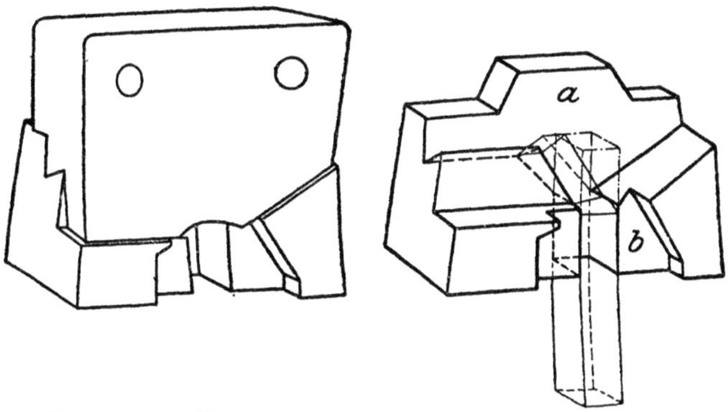

Fig. 497 u. 498. Ober- und Untergesenk zum Absetzen und Biegen.

zur Führung des aufsetzenden Obergesenks, in den Raum *b* kommt eine Verschlußplatte zum Halten des Schaftes. Fig. 497 zeigt Ober- und Untergesenk zusammen. Während das Untergesenk auf dem Amboß oder dem Frosch befestigt wird, geht das Obergesenk mit dem Hammer bzw. dem Pressenstößel auf und ab.

Fig. 499 ÷ 502 zeigt ein Dampfhammergesenk, Einzelteile und zusammengestellt, in dem der Seitenstahl *S* gleich ganz fertig geschmiedet wird. Das Untergesenk *U* wird auf dem Amboß befestigt, der erhitzte Stahl hineingelegt und das Obergesenk *O* vom Schmied daraufgehalten. Durch ein paar Schläge des Dampfhammers erhält dann der Stahl die richtige. Form.

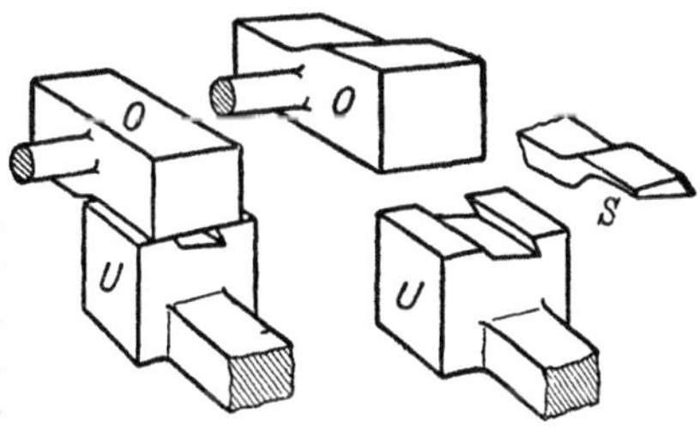

Fig. 499 ÷ 502. Schmiedegesenk für Seitenstahl.

3. Das Vorschleifen.

Hierunter ist das Schleifen vor dem Härten verstanden, das den Zweck hat, dem Schneidkopf so weit die richtige Form zu geben, daß nach dem Härten nur noch wenig zu schleifen ist. An die Stelle oder als Ergänzung des Vorschleifens tritt vielfach ein Ausfeilen, Aushobeln od. dgl.

Vorbereitung. Sind die Stähle vorher nicht geschmiedet, so ist der Schneidkopf aus dem vollen Material auszuarbeiten. Werden die Stähle vorgeschmiedet, so ist es zweckmäßig, sich hierbei mit einer angenäherten Form zu begnügen und die genaue Formgebung dem Schleifen zu überlassen, das sie schneller und besser ergibt als das Schmieden. Wohl aber soll beim Schmieden der Schneidkopf möglichst so vorgebildet werden, daß er leicht zu schleifen ist. Wenn zum Beispiel die Rückenfläche eine Neigung von 10° haben soll, ist es zweckmäßig, ihr durch Schmieden eine größere von etwa 20° zu geben, und nur das obere Stück unter 10° anzuschleifen. Ähnlich bei der Brustfläche. Die gestrichelten Linien in Fig. 503 geben die geschmiedete, die ausgezogenen die angeschliffene Form der Schneide.

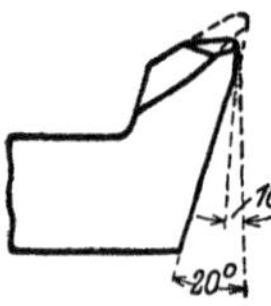

Fig. 503. Vorschmieden des Kopfes.

Immer ist schon bei der Festlegung der Stahlform daran zu denken, daß die Herstellung und Erhaltung der Schneide möglichst wenig Schmiede- und Schleifarbeit erfordern soll.

Die Schleifeinrichtung. Vielfach werden zum Schleifen noch die alten Sandsteine gebraucht. Das Schleifen mit ihnen ist nicht ganz befriedigend: es geht recht holperig, da der Sandstein selten rund ist, es ist zeitraubend, da die Schleifleistung gering ist, es ist umständlich, da der Stein mit einer Lehmschicht bedeckt ist, die sich auch auf den Stahl absetzt und so die Beobachtung erschwert; doch hat der Sandstein auch Vorzüge, die ihm, wenigstens für das Nachschleifen (s. Seite 100), das Daseinsrecht geben. Viel mehr leisten die Schleifmaschinen, die eine künstliche Schleifscheibe haben und besonders zum Schleifen von Schneidstählen gebaut sind. Wenn die Stähle nur leicht angedrückt werden, so ist bei ihnen die Schleifleistung schon viel größer als bei den alten Sandsteinen. Ein starkes Andrücken ist sogar schädlich, da die Stähle dadurch unnötig erhitzt und die Schleifscheiben zwecklos aufgebraucht werden, weil die Schleifkörner ausbrechen, ohne Schleifarbeit geleistet zu haben. Auch das Beobachten und Einhalten der richtigen Schleifwinkel ist bei diesen Maschinen leichter möglich als bei den Sandsteinen.

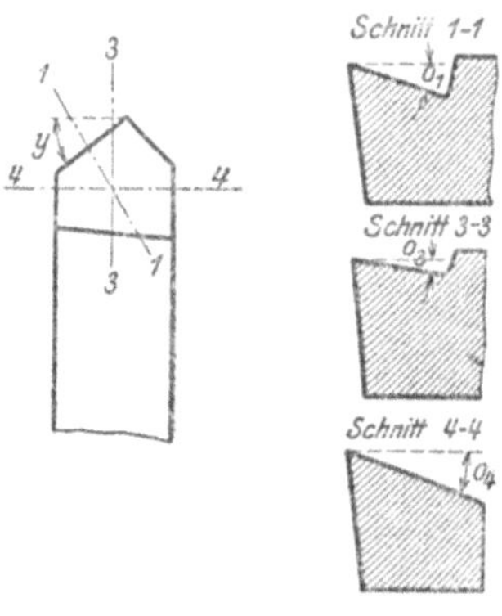

Fig. 504 ÷ 507. Schleifwinkel der Schneide.

Einen weiteren Fortschritt stellt die Schleifmaschine mit zwangläufiger Führung dar, bei der die Stähle nicht mehr von Hand gegengedrückt, sondern in ein Futter gespannt werden, das die Schnittflächen unter bestimmten, genau einzustellenden Winkeln gegen die Schleifscheibe führt. Mit dieser Maschine ist es möglich, die einmal als richtig erkannten Schneidwinkel und Abrundungen ohne Mühe genau einzuhalten, während das bei der Führung von Hand schwierig ist und ganz von der Geschicklichkeit und dem guten Willen des Schleifenden abhängt.

Bei der Brustfläche, die windschief zur Auflagefläche liegt, geschieht das Einstellen nicht unmittelbar nach dem geometrischen Brustwinkel der Schneide, sondern es wird der Stahlschaft zweifach zur Schleifscheibe verdreht, erst in einer Ebene parallel und dann in einer Ebene senkrecht zum Schaft; mit anderen Worten: man stellt die Brustfläche nach dem vorderen und seitlichen Brustwinkel (s. Seite 8) ein. Diese zwei Schleifwinkel müssen dem Schleifer natürlich angegeben werden. Sind sie nicht beide unmittelbar bekannt, sondern nur etwa der vordere Brustschleifwinkel o_3 (Fig. 504÷507) und daneben der eigentliche Brustwinkel o_1, so kann der seitliche Brustschleifwinkel o_4 aus der Gl. (2) Seite 8 berechnet werden. In der folgenden Zahlentafel 4 ist o_4 für verschiedene Werte von o_1, o_3 und y ausgerechnet.

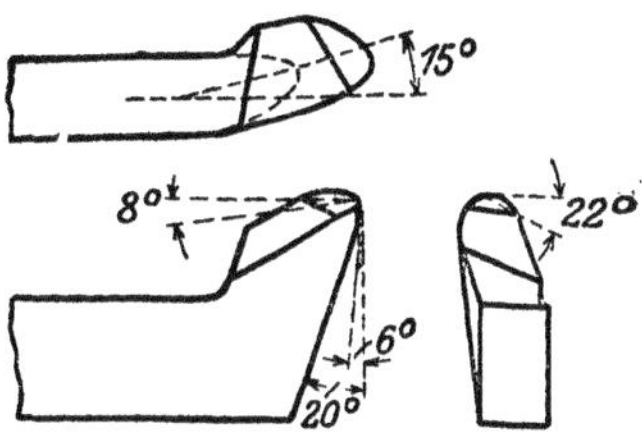

Fig. 508÷510. Schleifwinkel des Taylorstahles.

Zahlentafel 4: Brustschleifwinkel (s. Fig. 504÷507).

o_1	12°	15°	20°	25°	12°	15°	20°	25°
o_3	5°	6°	7°	8°	5°	6°	7°	8°
y	40°	40°	40°	40°	60°	60°	60°	60°
o_4	12° 45′	16° 10′	22° 40′	29° 10′	11° 3′	14°	19° 20′	24° 30′

Fig. 508÷510 gibt die Schleifwinkel für den Taylor-Schruppstahl für schmiedbares Eisen.

Das Vorschleifen geschieht am besten trocken, da die Schleifleistung dabei größer ist als beim Naßschleifen und anderseits eine örtliche Erwärmung des ungehärteten Stahles nichts schadet.

Über Schleiflehren siehe Seite 101÷103.

4. Das Härten.

Wenn die Stähle geschmiedet werden, soll das Härten nie aus der Schmiedehitze geschehen, sondern die Stähle sollen erst abkühlen und dann wieder erwärmt werden.

Härteöfen. In kleineren Werkstätten wird zum Erwärmen der Stähle meist das Schmiedefeuer benutzt, über dessen Eignung und Behandlung Seite 93 Näheres gesagt wurde. Größere Betriebe verwenden meistens Gasöfen für unmittelbare Erhitzung oder mit Flüssigkeitsbädern, und — besonders für Schnellstahl — viel elektrisch geheizte Salzbäder. Die Vorzüge dieser Öfen vor dem Schmiedefeuer sind: größere Gleichmäßigkeit der Temperatur (die ein Verbrennen der Schneidkanten verhindert), Möglichkeit, die Temperatur leicht zu regulieren und zu messen, und eine große Stundenleistung bei Massenherstellung. Um den Schnellstahl zweckmäßig langsam vorzuwärmen und dann schnell auf die Härtetemperatur zu bringen, haben die Gasöfen häufig 2 Kammern, nebeneinander oder übereinander, die eine davon mit geringerer Temperatur zum Vorwärmen. Oder man benutzt neben dem elektrischen Ofen einen Gasofen zum Vorwärmen.

Messen der Temperaturen mit Pyrometern ist für guten Erfolg des Härtens unerläßlich.

Das Härten. Allgemein werden die Stähle auf etwa die $1^1/_2$ fache Länge des Schneidkopfes erwärmt, dann abgekühlt und hinterher vielfach noch angelassen.

Kohlenstoff- und niedrig legierte Sonderstähle werden auf ungefähr 750 bis 800° erwärmt und in Wasser von etwa 20° C, dem zuweilen etwas Salz oder Säure zugesetzt wird, abgeschreckt. Gegen Reißen empfindliche Stähle, besonders Formstähle, werden in diesem Wasser nur abgelöscht und dann in Öl auskühlen gelassen. Das Anlassen zur Milderung der Sprödigkeit der Schneide geschieht, wenn der Stahl erkaltet ist, oder besser, wenn er noch warm ist, in Öl oder Sand bei etwa 180 bis 220° oder durch das sog. Anlassen von innen. Dazu löscht man den Stahl nur kurz in Wasser ab, reibt den Schneidkopf blank und läßt ihn durch die im Stahl noch vorhandene Wärme farbig anlaufen (Bildung von Oxydhäutchen). Sobald die Schneide leichtgelb bis dunkelgelb ist, kühlt man den Stahl in kaltem oder besser in warmem Wasser ab. Dies Anlassen hat einmal den Vorzug, daß ein Reißen durch das kurze Abschrecken so gut wie ausgeschlossen ist, zweitens den Vorzug, daß der Schneidkopf vorn an der Schneide am härtesten wird und nach hinten etwas weicher. Ruhig arbeitende Drehstähle können beim Anlassen etwas härter bleiben (180° bzw. hellgelb) als Stähle, die stärkeren Stößen ausgesetzt sind (200 bis 220°, dunkelgelb).

Schnellstähle werden zuerst langsam auf 850 bis 900° vorgewärmt und dann rasch auf 1200 bis 1300° gebracht. Das Abkühlen erfolgt in trockenem kalten Luftstrom von 4 bis 6 Atm. oder in einem anderen mild wirkenden Abkühlmittel wie Öl, Talg, Petroleum. Ein Anlassen ist nicht nötig, hat sich jedoch in manchen Fällen, besonders für Formstähle, bewährt. Es geschieht bei 250 bis 300° in Öl.

5. Das Schleifen nach dem Härten.

Dieses Schleifen hat den Zweck, den etwa beim Glühen sich bildenden Glühspan bzw. die entkohlte, weiche Schicht zu entfernen, ferner die Schneide scharf und blank zu machen und ihr genau die verlangte Form zu geben.

Es werden dieselben Maschinen benutzt wie fürs Vorschleifen, jedoch auch in gut geleiteten Betrieben häufiger als zum Vorschleifen der Sandstein. Denn bei all seinen Nachteilen hat er unleugbar auch Vorzüge, die gerade zum Nachschleifen wertvoll sind: der Stahl wird weniger leicht ausgeglüht oder rissig, und der Schliff ist feiner und sauberer.

Naß- und Trockenschleifen. Das Nachschleifen geschieht am besten naß, d. h. mit Kühlung durch einen kräftigen Wasserstrahl (auch wohl Sodawasser, Lösung von Bohröl oder dgl.); das Vorschleifen dagegen, wie oben erwähnt, trocken. Beim Naßschleifen entstehen leicht feine Risse (Schleif- oder Haarrisse), die die Lebensdauer der Schneide stark verringern und zu Brüchen führen können. Die Entstehung der Risse ist so zu erklären: durch das Kühlwasser wird zwar die Oberfläche der beim Schleifen sich stark erwärmenden Schneide rasch gekühlt, das Innere aber vermag seine Wärme nur langsam abzugeben. Infolgedessen entstehen Temperaturunterschiede und daraus Wärmespannungen, die zu den Rissen führen. Besonders leicht treten Temperaturunterschiede und Risse bei Schnellstahl auf, da er, wie schon oben erwähnt, eine sehr schlechte Wärmeleitung hat.

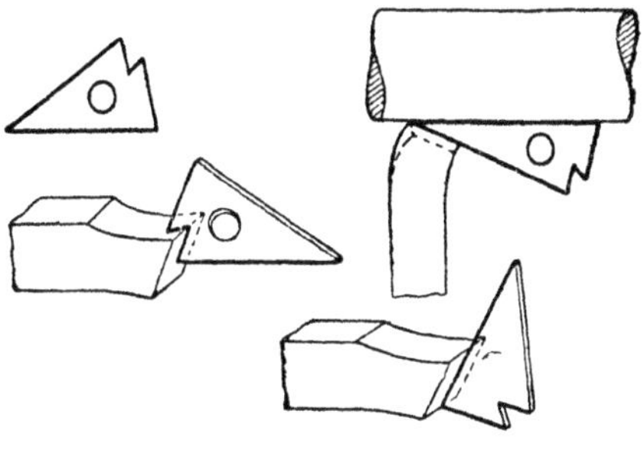

Fig. 511 ÷ 514. Schleiflehre und ihre Anwendung.

Trotzdem muß das Schleifen nach dem Härten naß geschehen, weil sonst die Schneide leicht ausglüht und weich wird. Durch Beobachtung der folgenden Vorschriften läßt sich die Rißbildung fast ganz vermeiden:

1. man beschränke durch genügendes Vorschleifen das Schleifen nach dem Härten auf das Notwendigste
2. man vermeide starkes Andrücken und breite Schleifflächen, um starke örtliche Erwärmung zu verhüten
3. man kühle sehr reichlich mit Wasser, damit die entstehende Wärme leicht abgeführt wird.

Schleiflehren. Wenn man Wert darauf legt, daß die als richtig erkannten Schleifwinkel eingehalten werden, so ist es unerläßlich, sie zu kontrollieren, schon beim Vorschleifen, besonders aber beim Fertigschleifen. Dazu werden meist Schleiflehren benutzt, die, aus Blech gefertigt, an die Schneide angelegt werden. Die Lehre sichert nicht nur die richtige Form, sie kürzt auch die Schleifzeit ab und ersetzt bis zu einem gewissen Grade die Schleifmaschine mit zwangläufiger Führung.

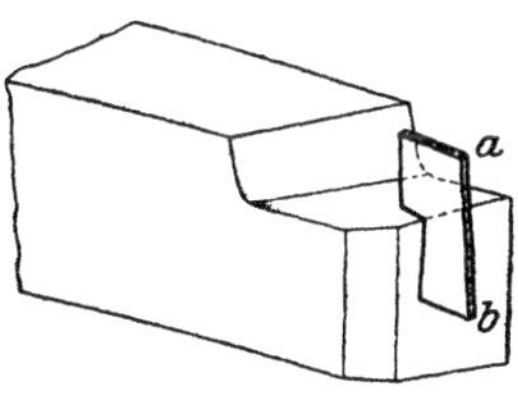

Fig. 515. Schleiflehre für Brust- und Rückenwinkel.

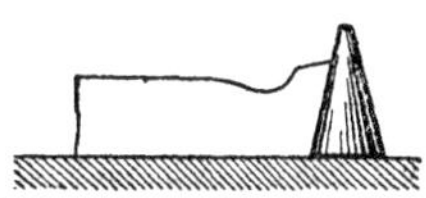

Fig. 516. Meßkegel für den Rückenwinkel.

Die Schleiflehre Fig. 511 mißt in Fig. 512 den Keilwinkel, in Fig. 513 den Rückenwinkel und in Fig. 514 den Neigungswinkel der

Schneidkante gegen die Arbeitsfläche. Die Lehre in Fig. 515 mißt Brust-, Keil- und Rückenwinkel zugleich, wenn man gegen die vordere senkrechte Kante a–b den Schenkel eines aufrecht stehenden Winkels legt.

Für den Rückenwinkel kann man statt der Blechlehren auch den Meßkegel Fig. 516 benutzen, der den Vorzug hat, daß er nicht schief stehen kann.

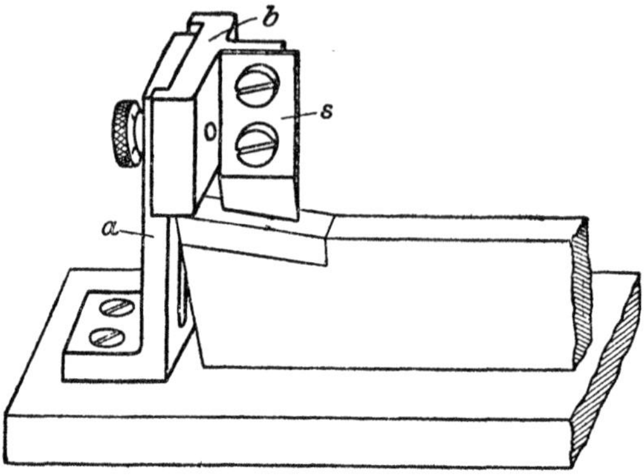

Fig. 517.

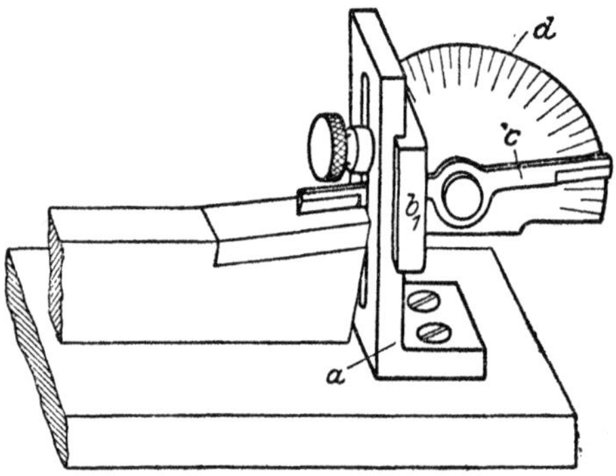

Fig. 518.

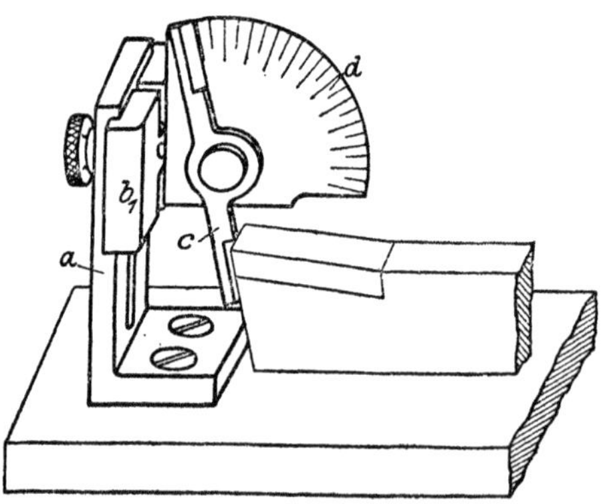

Fig. 519.

Fig. 517 ÷ 519. Apparat zum Messen der Schneidwinkel.

Ein sehr zweckmäßiges Instrument, das sowohl Schneidwinkel bestimmter Größe mit Schablonen kontrollieren, wie auch Winkel beliebiger Größe mit einem einstellbaren Lineal messen kann, zeigen Fig. 517 ÷ 519. Das Instrument (D.R.P. des Verfassers) wird auf eine gerade gußeiserne Platte geschraubt und der Stahl zum Messen auf die Platte an das Instrument heran gelegt. Die Hauptteile des Instruments sind die Führung a und der in der Höhe einstellbare Schieber b bzw. b_1. An b werden Schablonen s befestigt, für bestimmte Winkel, wie in Fig. 517 (Nachmessen des Brustwinkels eines Schruppstahls); b_1 dagegen trägt ein um einen Zapfen drehbares Lineal c, dessen einer Schenkel nach dem zn messenden Winkel eingestellt wird, während der andere Schenkel auf einer mit Kreisteilung versehenen Scheibe d die Größe des Winkels unmittelbar anzeigt. Fig. 518 zeigt das Ausmessen des Brustwinkels, Fig. 519 das Ausmessen des Rückenwinkels eines Schruppstahls.

Die Vorzüge dieses Instrumentes gegenüber den Schablonen sind einmal die sichere Führung der Meßkante und dann seine Vielseitigkeit.

In Fig. 520 ÷ 527 sind Schleiflehren dargestellt, die nicht nur die Schneidwinkel, sondern auch die Lage der Schneidenflächen, d. i. die Form des Schneidkopfes messen. Demgemäß sind die Lehrenkörper, die aus Stahlguß bestehen, nicht ganz einfach. Als Meßkanten sind gehärtete Stahlbleche in die Körper eingesetzt. Die vier Lehren sind nötig, um den Schneidkopf des dünn ausgezogenen Schruppstahls zu messen. Es

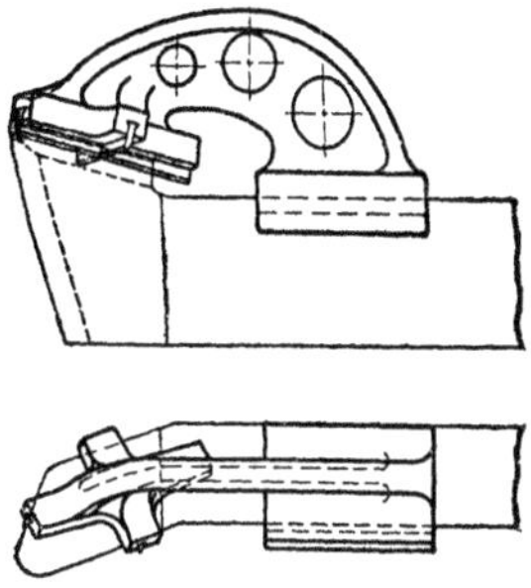
Fig. 520 u. 521.

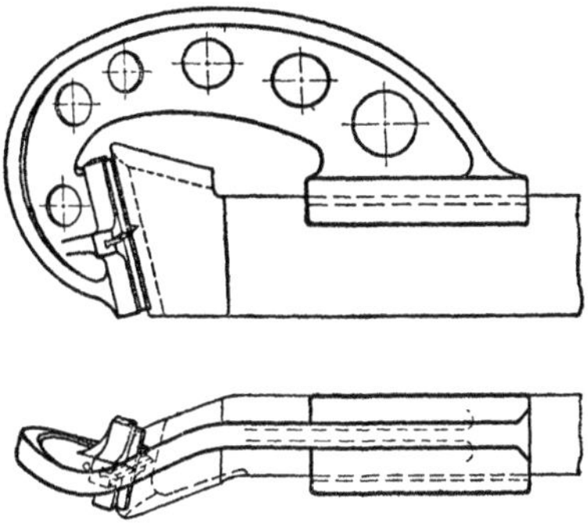
Fig. 524 u. 525.

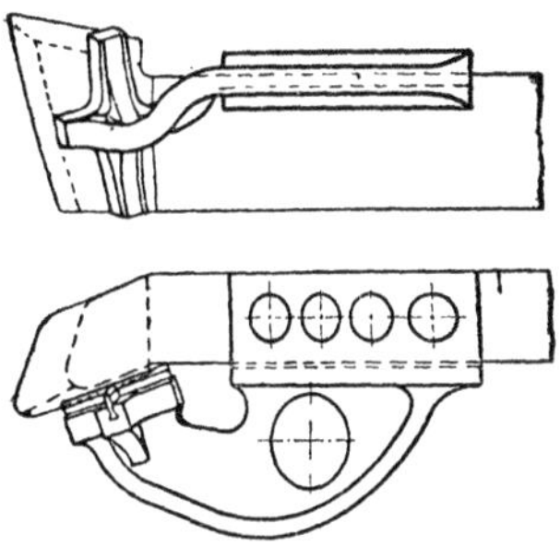
Fig. 522 u. 523.

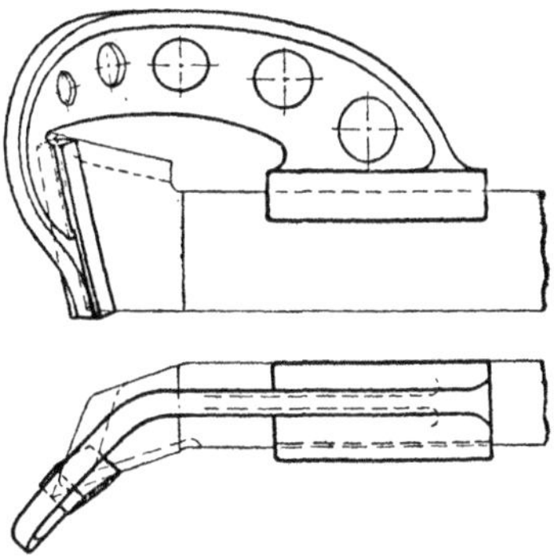
Fig. 526 u. 527.

Fig. 520 ÷ 527. Schleiflehren für Lage und Form des Schneidkopfes.

mißt: Lehre Fig. 520 u. 521 die Brustfläche, Lehre Fig. 522 u. 523 die Seitenfläche, Lehre Fig. 524 u. 525 die Stirnfläche und Lehre Fig. 526 u. 527 die vordere Rückenkante. Die Lehren werden auf den Schaft aufgelegt; sie haben eine Anschlagkante, damit sie stets gleich liegen. Diese Lage ist kein Vorzug, richtiger ist es, von der unteren Schaftfläche, der Auflagefläche, aus zu messen, wie es der Apparat Fig. 517 tut.

6. Das Aufschweißen von Schnellstahl.

Wenn die Arbeiter gut eingeübt und die zweckdienlichen, einfachen Einrichtungen vorhanden sind, macht richtiges Aufschweißen keine besondere Mühe, und Ausschuß hraucht so gut wie nicht vorzukommen.

Vorbereiten. Zunächst werden die Schäfte (je nach der Beanspruchung aus Flußeisen, Schweißeisen, weicherem oder härterem Maschinenstahl) und die Schnellstahlplättchen in den erforderlichen Abmessungen abgeschnitten bzw. warm abgeschlagen. Damit möglichst wenig Material verlorengeht und das Abschlagen oder Schneiden leicht auszuführen ist, werden für die Schnellstahlplättchen flach ausgewalzte oder ausgeschmiedete Stücke genommen. Sollen die Plättchen keilförmig oder schräg begrenzt sein, werden sie gleich, um Arbeit und Material zu sparen, mit der richtigen Schräge abgeschnitten.

Wird der Schaft für die Aufnahme des Plättchens abgesetzt, so kann das durch Hobeln, Fräsen oder auch Schmieden geschehen. Vom Schmieden des Schaftes war schon oben die Rede. Es geschieht im Gesenk unter dem Hammer oder der Presse, leichter als bei Werkzeugstahl. weil das

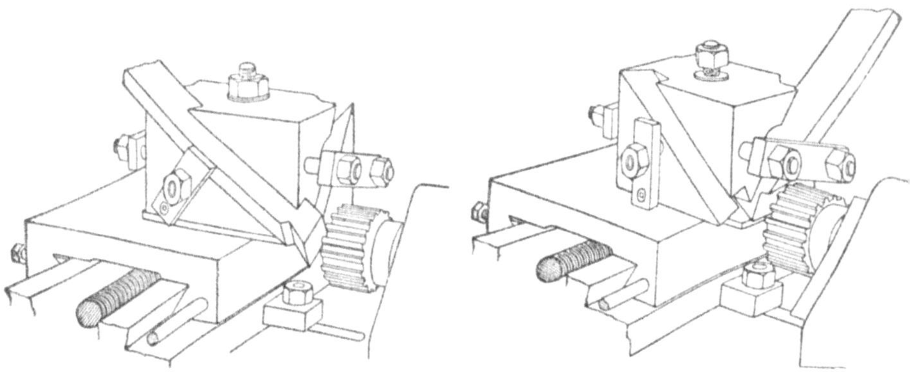

Fig. 528 u. 529. Vorrichtung zum Fräsen des Schaftes für Schnellstahlplättchen.

Schaftmaterial fast jede Temperatur verträgt und der Formänderung geringeren Widerstand entgegensetzt.

Das Hobeln oder Fräsen muß bei Massenherstellung natürlich in Vorrichtungen geschehen, damit es nicht gar zu teuer wird. Fig. 528 und 529 zeigen eine derartige Vorrichtung. In Fig. 528 wird die Stirnfläche des Schaftes unter dem Rückenwinkel gefräst, in Fig 529 wird in derselben Vorrichtung die Auflagefläche für das Schnellstahlplättchen unter dem Brustwinkel eingefräst. Der Vorzug des Fräsens vor dem billigeren Schmieden liegt in der Sauberkeit der Flächen. Nun ist allerdings, besonders für gewöhnliche Schrupp- und Schlichtstähle, große Sauberkeit nicht nötig und es wird im allgemeinen die Aufnahmefläche für das Plättchen nach dem Schmieden weiter nicht bearbeitet, höchstens daß der Grat abgeschliffen wird. Jedoch ist die Schweiße um so sicherer, je genauer die Flächen aufeinander passen, und deshalb empfiehlt es sich, wenigstens für sehr große Flächen (wie für Formmesser) und für sehr kleine Flächen (wie für Abstechstähle), die Auflageflächen etwas nachzuarbeiten.

Schweißen und Härten. Sind Halter und Schnellstahlplättchen nun so hergerichtet, dann werden sie zusammen auf etwa 900 bis 1000° C vorgewärmt, aus dem Feuer herausgenommen und auf dem Amboß an den zu verbindenden Flächen schnell mit Drahtbürste oder alter Feile von Zunder gereinigt und reichlich mit Schweißpulver bedeckt. Nachdem jetzt das Plättchen mit der Zange auf den Schaft aufgelegt und mit der Hammerbahn leicht angedrückt ist, wird es mit dem Schaft wieder ins Feuer gegeben und nun auf 1200 bis 1300° C erwärmt, je nach der Stahlsorte. Gut durchgewärmt, wird es wieder mit dem Schaft herausgenommen und unter einer Presse kräftig, aber ohne Stoß angedrückt.

Härten. Soweit stimmt das Vorgehen überall überein. Weiter sind nun aber drei Wege möglich: 1. man legt nach dem Aufpressen den Stahl einfach an die Luft und läßt ihn dort abkühlen, oder 2. man erwärmt ihn nochmals und kühlt ihn, wie den vollen Schnellstahl, in Preßluft oder Öl ab, oder endlich, 3. man kühlt ihn während des Aufdrückens und kurz nachher mit Preßluft ab. Dies letzte Verfahren ist insofern recht zweckmäßig, als es dieselbe günstige Härtung wie das zweite Verfahren gibt und dabei die dritte Hitze spart. Dafür ermöglicht es das zweite Verfahren, die Schneide vor dem Härten genauer zu bearbeiten: die einfache Schneide zu schleifen, die Formschneide zu hobeln oder zu fräsen. Das erste Verfahren hingegen ist nicht so gut: zwar werden die meisten Schnellstähle auch auf diese Weise leidlich hart, aber die Schneidhaltigkeit ist doch nicht so groß wie nach kräftigem Abkühlen.

Einrichtungen zum Schweißen. Zum Erhitzen kann das gewöhnliche Schmiedefeuer dienen, besonders mit den Seite 94 besprochenen Einrichtungen. Gasöfen sind hier wie immer sehr bequeme und empfehlenswerte Hilfsmittel. Zum Härten nach dem Aufpressen werden vielfach auch die elektrisch erhitzten Salzbäder benutzt. Da für das Schweißen eine höhere Temperatur nötig ist als für das Vorwärmen, so arbeitet man bei ununterbrochenem Betrieb zweckmäßig mit 1 Ofen mit 2 Kammern oder mit 2 Öfen zum Schweißen und einem dritten zum Härten.

Die Presse zum Aufdrücken des Plättchens kann eine gewöhnliche Spindel- oder Zahnstangenpresse für Handbetrieb sein; an deren Stelle genügt auch schon ein Parallelschraubstock mit wagerecht gestelltem Maul; auch Kurbel- und Kniehebelpressen finden Verwendung.

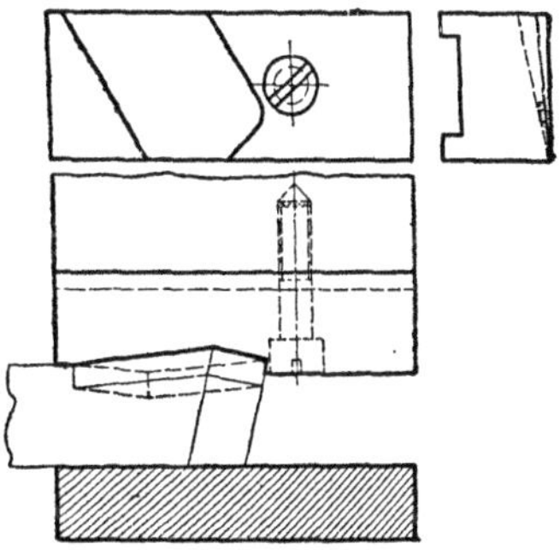

Fig. 530 ÷ 532. Preßbacken zum Aufschweißen.

Die obere Preßbacke kann nur dann eine grade, zur unteren Backe parallele Preßfläche haben, wenn die Brustfläche das Plättchens parallel zur Auflagefläche des Schaftes liegt. Im anderen Fall, der der übliche ist, muß die obere Backe als Gesenk ausgebildet werden, wie in Fig. 530 ÷ 532 (Backen für Stahl Fig. 489), entsprechend der Form und Lage des Plättchens.

Schweißmittel. Bei einer richtigen, gut gelungenen Schweiße berühren sich die Schweißflächen nicht nur metallisch innig, sondern die

Gefügeelemente der Materialien sind in den an die Schweißfläche grenzenden Schichten miteinander verwachsen.

Eine derartige Verschweißung ist zwischen dem Schnellstahlplättchen und dem Schaftmaterial unmittelbar nicht zu erzielen, schon darum nicht, weil das Schnellstahlplättchen kräftiges Schlagen bei der hohen Temperatur nicht verträgt. Daher wird ein metallisches Schweißmittel verwendet, das bei der Schweißtemperatur mehr oder weniger flüssig wird und so nicht nur die Unebenheiten zwischen Plättchen und Schaft ausfüllt und die innige metallische Verbindung herstellt, sondern das seinerseits mit den Gefügeelementen sowohl des Schnellstahls wie des Schaftmaterials verwächst. Dieses Mittel bildet nachher eine Schicht bis zu 1 mm Stärke zwischen Plättchen und Schaft. Als solches Mittel werden gewöhnlich Eisenfeilspäne genommen, weshalb man diese Verbindung ebenso gut als „Löten mit Eisen“ wie als „Schweißen“ bezeichnen könnte.

Außer diesem metallischen Verbindungsmittel enthält das Schweißpulver noch einen Stoff zum Lösen der Eisenoxyde (Glühspan und Hammerschlag), so daß diese beim Aufdrücken des Plättchens aus der Fuge fließen können. Meist nimmt man hierfür Borax, das geschmolzene Eisenoxyde sehr gut löst. Für die Eisenfeilspäne nimmt man Grauguß oder hochgekohlten Stahl (Werkzeugstahl oder Ferromangan), weil sie leichter schmelzen als Späne von gewöhnlichem, niedriggekohltem Flußeisen. Der Borax muß zuerst in einem reinen Gießlöffel geschmolzen, bei Rotglut erhitzt und nach dem Erkalten zu feinem Pulver zerstoßen werden, sonst bläht er sich beim Schmelzen auf. Das Verhältnis der Eisenfeilspäne zum Borax wird = 1 : 1 bis 1 : 2 genommen. Zuweilen wird noch Aluminium zugesetzt, das beim Oxydieren Wärme geben soll oder Cyankali, das ein Entkohlen verhindern soll, oder Braunstein oder Glas, doch scheint keiner von allen diesen Zusätzen einen besonderen Wert zu haben. Wohl aber können derartige Zusätze schädlich wirken, indem sie Gasblasen und Schlacke in die Schweißfuge bringen oder indem sie gar das Gefüge des Schnellstahls in der Schweißzone zerstören.

An Stelle des Borax, der zur Zeit sehr teuer und selten ist, könnte Natriumphosphat (Phosphorsalz) treten, das auch Eisenoxyde löst. Die Zusammensetzung der im Handel erhältlichen Schweißpulver wird geheimgehalten.

Elektrisches Schweißen. Neben dem Feuerschweißen kommt das elektrische Schweißen vor als Punktschweißung sowohl wie als Stumpfschweißung. Beide Verfahren spielen keine große Rolle. Ihr gemeinsamer Vorzug ist, daß besondere Schweißmittel entbehrlich sind.

Punktschweißen. Es wird zum Aufschweißen von Schnellstahlplättchen wie das Feuerschweißen benutzt, vor dem es den Vorzug voraus hat, daß das Plättchen nicht aufgedrückt zu werden braucht. Dagegen entsteht an den einzelnen Schweißpunkten eine hohe örtliche Erwärmung, die leicht das Gefüge zerstören und Risse erzeugen kann. Plättchen aus Stellit können aber nur nach diesem Verfahren aufgeschweißt werden.

Stumpfschweißen. Für manche Werkzeuge, wie Bohrer und Reibahlen, ist es ein zweckmäßiges Verfahren, für Stähle dagegen weniger geeignet, da die angeschweißten Stücke eine reichliche Länge und einen Querschnitt wie der Schaft haben müssen. Es müßte also bei Stählen der ganze Schneidkopf aus Schnellstahl angeschweißt werden, wie in Fig. 533, so daß beim Schleifen des Rückens viel Material verlorenginge. Auch beim Schweißen selbst, das nach dem Abschmelzverfahren geschieht, werden durch Abbrand nicht unbedeutende Mengen von Schnellstahl verbraucht.

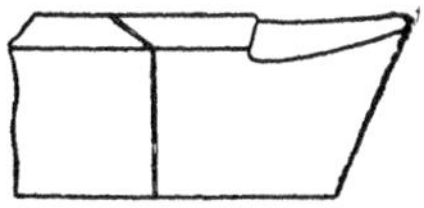
Fig. 533. Stahl mit stumpf angeschweißtem Kopf.

Autogenes Schweißen. Es wird wie das elektrische Schweißen verhältnismäßig selten verwendet. Sinn und Berechtigung hat es nur für schmale Querschnitte, wie z. B. für den Abstechstahl Fig. 534 u. 535; denn wenn keine besonderen Gesenke vorhanden sind, gelingt das Feuerschweißen eines solchen schmalen Plättchens nur sehr schwer. Zum autogenen Schweißen werden die Verbindungsflächen von Plättchen und Halter abgeschrägt und in die so entstehenden keilförmigen Räume wird Zusatzmaterial (Holzkohleneisen) getropft. Ein Nachteil dieses Verfahrens ist es, daß durch die Schweißflamme der Schnellstahl leicht entkohlt wird und daß durch die starke Erwärmung nur an der Schweißstelle Risse entstehen können.

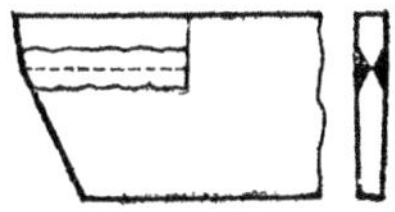
Fig. 534 u. 535. Autogen geschweißter Abstechstahl.

Aufschmelzen. Nach diesem kürzlich bekannt gewordenen Verfahren der Firma Krupp wird Schnellstahl mit der autogenen Schweißflamme auf den Kopf des Schaftes aufgetropft, nachdem die obere Schicht dieses Kopfes selbst vorher durch die Schweißflamme verflüssigt ist. Das Abfließen wird durch eine Umwallung mit Eisen verhindert. Der flüssige Schnellstahl schwimmt infolge des höheren spez. Gewichtes auf dem flüssigen Eisen. Die Untersuchung hat ergeben, daß der Schnellstahl durch dieses Verfahren in keiner Weise leidet. Stähle bis 20 × 20 mm Querschnitt haben sich im Betriebe gut bewährt. Auf größere Querschnitte Schnellstahl aufzuschmelzen ist bislang nicht gelungen.

7. Das Auflöten von Schnellstahl.

Auflöten und Härten. Das Auflöten (im engeren Sinn) geschieht ausschließlich mit Hartlot, und zwar am besten mit dem strengflüssigsten, mit reinem Kupfer, weil nur so die Verbindung widerstandsfähig genug wird, sowohl gegen die mechanischen Kräfte wie gegen die Schneidwärme. Vor allem aber gestattet nur Kupfer beim Löten solch hohe Temperaturen, daß aus der Löthitze heraus das Härten des Schnellstahlplättchens möglich wird.

Zum Unterschied vom Schweißen müssen beim Löten die zu vereinigenden Flächen völlig sauber sein und ganz genau aufeinander passen, damit die Lötfuge nirgends dick wird. Die Lötung ist um so widerstandsfähiger, je schmaler die Lötfuge ist, je weniger vom Lot selbst zwischen den Flächen bleibt. Das Lot hat nur die Aufgabe, die aneinandergrenzenden Flächen des Schnellstahlplättchens und des Schaftmaterials mit Kupfer zu legieren, d. h. kupfer- und eisenhaltige Gefügeelemente in ihnen zu bilden. Diese „Mischkristalle“ genannten Gefügebestandteile sind ein sehr gutes Bindemittel, fester als das reine Kupfer; sie entstehen aber nur bei genügend hoher Temperatur.

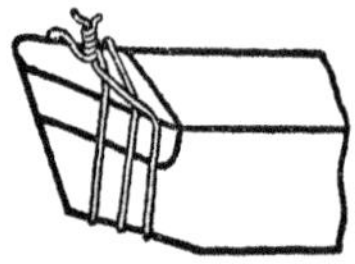

Fig. 536. Auflöten eines Schnellstahlplättchens.

Das Kupfer kann auf zwei verschiedene Weisen zwischen die zu verbindenden Flächen gebracht werden. Nach dem ersten Verfahren legt man eine dünne Schicht feiner Kupferspäne oder ein dünnes Kupferblech zwischen die Flächen, oder bestreicht diese mit kupferhaltiger Lötpaste. Nach dem zweiten Verfahren legt man nur oben auf die senkrecht gestellte Lötfuge ein Stückchen Kupferblech, das beim Schmelzen in die Fuge fließt (s. Fig. 537). Dieses zweite Verfahren ist vorzuziehen, weil es mit Sicherheit eine überall gleich schmale Fuge gibt.

Damit das Plättchen seine richtige Lage zum Schaft beibehält, muß es während des Lötens auf dem Schaft festgehalten werden; denn sobald das Lot geschmolzen ist, würde das Plättchen sonst „schwimmen“ und außerdem abfallen, wenn die Lötfuge senkrecht im Feuer stände. Meistens wird das Plättchen durch Bindedraht befestigt. Beim Schruppstahl (Fig. 536) ist der Draht in mehreren Windungen um Schaft und Plättchen gewickelt und dann zusammengedreht; beim Abstechstahl (Fig, 537) ist das schmale Plättchen hinten mit dem Schaft verklinkt, während es vorn von einem einmal umgewundenen Draht gehalten wird. Der Draht ist durch ein Loch im Schaft geführt, damit er nicht abrutschen kann. Unter den Draht ist auf der einen Seite das Stück Kupferblech geklemmt, das beim Schmelzen in die senkrecht liegende Fuge fließt.

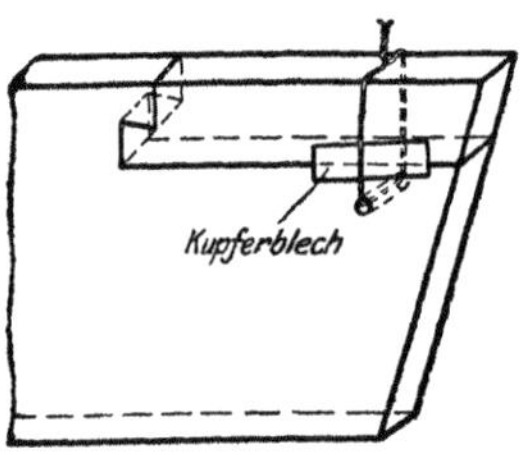

Fig. 537. Auflöten eines verklinkten Schnellstahlplättchens.

An Stelle des Bindedrahtes werden auch, wenn Oberfläche des Plättchens und Unterfläche des Schaftes parallel sind, einfache Spannklammern verwendet. Breitere Plättchen, wie sie besonders für Formschneiden nötig sind, werden wohl durch eingebohrte Stifte gehalten, mit oder ohne Verklinkung des Plättchens (Fig. 538 u. 539). Das ist sehr sicher, doch ist Vorsicht geboten, da die Plättchen beim Härten an den Löchern leicht einreißen.

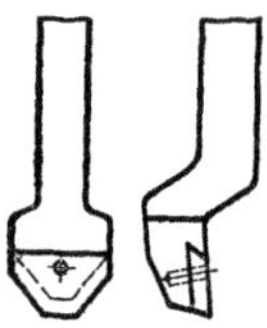

Fig. 538 u. 539. Schnellstahlplättchen zum Löten verstiftet.

Erwähnt sei noch, daß man auch wohl auf das Löten verzichtet und das Plättchen durch die Stifte allein festhält, indem man sie vernietet. Auch so läßt sich eine gute Befestigung erzielen.

Die vorbereiteten Stähle werden nun, am besten im Gasofen, auf 1100 ÷ 1200° erwärmt und in Preßluft abgekühlt. Besondere Vorrichtungen sind nicht nötig.

Lötmittel. Abgesehen von dem eigentlichen Lot, dem Kupfer, das, wie schon erwähnt, die Aufgabe hat, jede der Flächen zu legieren, werden zum Löten meist noch besondere Lötmittel benutzt, die vorhandene Oxyde entfernen oder die Bildung von Oxyden verhindern sollen. Sind die Flächen des Plättchens und Schaftes gut gereinigt und genau aufeinandergepaßt, so daß beim Erhitzen Luft nicht heran kann, so ist ein Lötmittel nicht durchaus nötig, bleibt aber immer empfehlenswert. Am besten wird Borax oder Natriumphosphat, fein gepulvert, benutzt und damit das Kupferblech eingepudert, die feinen Kupferspäne vermischt oder die Lötfuge bestrichen. Die obenerwähnte Lötpaste enthält neben Kupfer oder einer Kupferverbindung auch ein derartiges Lötmittel.

Vergleiche zwischen Aufschweißen und Auflöten. Das Aufschweißen hat besonders in den Kriegsjahren gewaltig zugenommen und hat das Auflöten stark zurückgedrängt, aber keineswegs ganz verdrängt. Denn auch das Auflöten hat seine Vorzüge, durch die es in manchen Fällen dem Aufschweißen überlegen ist.

Vorzüge des Aufschweißens:

1. Das Schweißen ist einfach. Weder brauchen die Schweißflächen genau vorgerichtet zu werden, noch sind irgendwelche anderen zeitraubenden Maßnahmen nötig.
2. Das aufgeschweißte Plättchen kann, wenn nötig, ohne weiteres nachgehärtet werden.

Nachteile des Aufschweißens:

1. Die zur Verbindung nötige hohe Hitze und der starke Druck gestatten nicht, fertige Formschneiden aufzuschweißen.
2. Für die meisten Stähle sind zum Aufdrücken besondere Gesenke nötig.

Vorzüge des Auflötens:

1. Es ist kein Anpressen nötig, so daß die Plättchen nicht verdrückt werden.
2. Die Verbindung kann schon bei einer Temperatur erzielt werden (etwa 1100°), die auch feinen Formschneiden nichts schadet.

Nachteile des Auflötens:

1. Die zu verbindenden Flächen müssen genau vorgerichtet werden, und es sind besondere Maßnahmen nötig, damit das Plättchen beim Löten an seinem Platz bleibt.
2. Es ist Kupfer nötig, das zur Zeit nicht zur Verfügung steht.
3. Ein Nachhärten ist ohne weiteres nicht möglich.

Daraus ergibt sich einigermaßen für jedes der beiden Verbindungsverfahren das Anwendungsgebiet:

Aufschweißen wird man alle Stähle, deren Form wie bei gewöhnlichen Schrupp- und Schlichtstählen einfach ist und hinterher bequem geschliffen werden kann; ferner solche Formstähle, die nach dem Schweißen, also vor dem Härten, ausgearbeitet oder nachgearbeitet werden können.

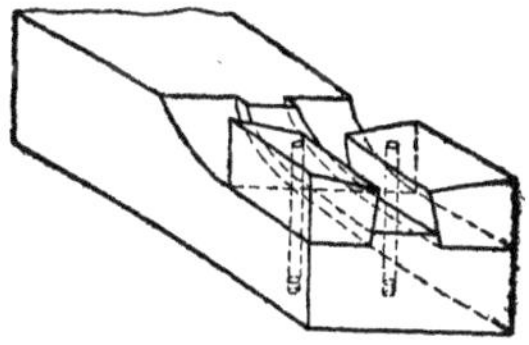

Fig. 540. Zweischneidiger Hobelstahl mit aufgelötetem Schnellstahl.

Auflöten wird man dagegen gern schmale

Plättchen, die schwer aufzupressen sind; ferner Formschneiden, die hinterher nicht gut nachgearbeitet werden können, und Schneiden, die durch ihre Lage schwierig zu schweißen sind, wie z. B. der Nutenstahl Fig. 397 (Seite 77), oder der zweischneidige, beim Hin- und Rückgang arbeitende Hobelstahl für lange Blechkanten Fig. 540. Dieser Stahl könnte nur in gut konstruiertem Gesenk geschweißt werden. Auch wenn für den Schaft, weil er sehr hoch beansprucht ist, Werkzeugstahl genommen wird, wie es wohl bei Stoßstählen geschieht, lötet man das Plättchen auf, da Werkzeugstahl in der hohen Schweißtemperatur mürbe wird.

8. Instandhalten der Schneidstähle.

Gründe für das Stumpfwerden der Schneide. Auf dreierlei Weise kann eine Schneide stumpf werden:

1. sie wird lediglich durch den Span rein mechanisch abgerieben
2. sie wird durch die Schneidwärme angelassen (bis violett oder gar blau), erweicht und wird infolgedessen durch den Span leicht zerstört
3. sie wird durch Abreiben und Anlassen zerstört, indem zunächst durch Abreiben die Schneide immer stumpfer wird und damit allmählich die Wärmeentwicklung so wächst, daß auch Anlassen eintritt.

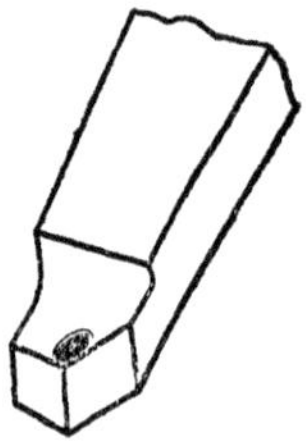

Fig. 541. Schnellstahl mit Aushöhlung an der Brust.

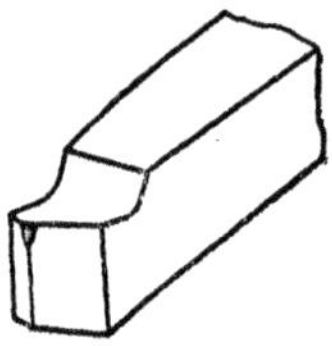

Fig. 542. Kohlenstoffstahl am Rücken abgenutzt.

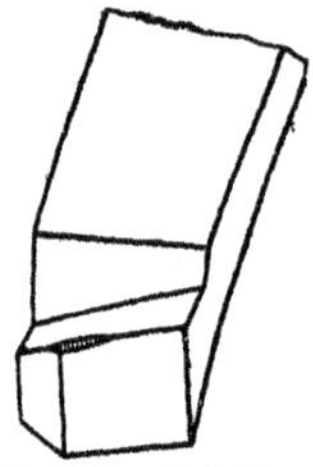

Fig. 543. Auf Grauguß abgenutzte Schneide.

Der erste Fall liegt meist vor bei mäßigen Schnittgeschwindigkeiten und geringen Spanstärken, also beim Schlichten, bei leichtem Formdrehen, Gewindeschneiden usw.

Der zweite Fall tritt nur beim Schruppen mit sehr hoher Schnittgeschwindigkeit ein.

Der dritte Fall endlich kommt beim gewöhnlichen Schruppen vor, beim Ausdrehen, Nuteneinstechen usw.

Art des Stumpfwerdens. Die Art, wie eine Schneide stumpf wird, ist außerordentlich verschieden und hängt von all den Umständen ab, die beim Arbeiten überhaupt eine Rolle spielen: von Form und Material des Stahls wie des Arbeitsstücks, von Schnittgeschwindigkeit, Vorschub und Schnittdauer. Ebenso verschieden ist das Maß, das man die Schneide stumpf werden läßt. Während beim Schlicht- und Formstahl meist schon eine leichte Rundung der Schneidkante, die als glänzende Linie im auffallenden Licht zu erkennen ist, genügend Anlaß zum Nachschleifen gibt, kann man bei Abstechstählen z. B. schon eine erhebliche Abstumpfung der Ecken und Kanten zulassen, und beim Schruppstahl läßt man es oft bis zu starkem Angriff der Schneide kommen. Fig. 541 u. 542 zeigen abgenutzte Stähle, die auf schmiedbarem Eisen stumpf gefahren sind. Man erkennt, daß der Schnellstahl Fig. 541 hauptsächlich an der Brust angegriffen ist, indem sich kurz hinter der Schneidkante eine „Aushöhlung" gebildet hat von der Breite des Spans, die schneller oder langsamer die Kante unterhöhlt und zusammenbrechen läßt. Der Kohlenstoffstahl Fig. 542 ist dagegen hauptsächlich an der Rückenfläche angegriffen. Beim Bearbeiten von Grauguß wird sowohl der Schnellstahl wie der Kohlenstoffstahl vorwiegend an der Kante selbst beschädigt, weniger an der anschließenden Brust- und Rückenfläche (Fig. 543).

Beim Bearbeiten von zähem Material setzen sich öfters von diesem Material kleine Mengen an die Schneide fest an und bilden eine unregelmäßige, zackigscharfe, neue Kante, die dann noch lange stehen kann. Unter diesem angesetzten Material ist bei Schnellstahl die Schneidkante oft noch ganz scharf, während sie bei gewöhnlichem Werkzeugstahl meist schon stumpf ist.

Das Instandsetzen der Schneiden. Es geschieht hauptsächlich durch Schleifen. Nur wenn durch das wiederholte Schleifen der Schneidkopf so weit abgenutzt ist, daß das übrigbleibende Stück zu geringe Widerstandsfähigkeit gegen die Schnittkräfte hat, wird es abgeschmiedet und ein neuer Kopf angearbeitet, sei es durch Schmieden oder nur durch Hobeln oder Schleifen.

Fig. 544. Taylorstahl, 24 mal nachgeschliffen.

In Fig. 544 zeigen die ausgezogenen Linien den Taylorstahl unmittelbar nachdem er fertiggestellt, die gestrichelten Linien, nachdem er 24 mal geschliffen ist. Er braucht nun noch nicht umgeschmiedet zu werden, doch schneidet beim weiteren Schleifen der Brust die Scheibe in den Schaft ein.

Für das Nachschleifen sollten zwei Grundsätze maßgebend sein:

1. so zu schleifen, daß möglichst wenig Material entfernt werden muß, damit die Schneidkante wieder scharf wird;
2. so zu schleifen, daß der Schneidkopf möglichst gut ausgenutzt wird.

Die erste dieser beiden Forderungen verlangt, daß diejenige Fläche vorzugsweise geschliffen wird, an der die Abnutzung oder Zerstörung verhältnismäßig weit ausgedehnt, aber wenig tief ist. Denn der Abschliff braucht hier nur diese geringe Tiefe zu haben. Da nun von den anderen Flächen, die mit der ersten die Schneide bilden, noch weniger abgeschliffen zu werden braucht, so wird auf diese Weise der Gesamtabschliff am kleinsten. Daher muß beim Schnellstahl Fig. 541 hauptsächlich die Brustfläche geschliffen werden, da die Aushöhlung mehrere Millimeter lang und breit, aber nur $1/2$ bis 1 mm tief ist. Von der Stirnfläche (Rückenfläche) sind dann nur noch einige Zehntel Millimeter abzunehmen. Würde man dagegen vorzugsweise die Rückenfläche schleifen, so wären von ihr 3 bis 4 mm abzunehmen, bis die Aushöhlung verschwunden wäre.

Beim Stahl Fig. 542 ist dagegen hauptsächlich die Rückenfläche zu schleifen, während bei einer Abnutzung nach Fig. 543 beide Flächen ziemlich gleich stark geschliffen werden können.

Bequemer ist die Instandhaltung der Form- und Einsatzstähle, die nur an der Brustfläche geschliffen werden. Will man bei ihnen möglichst sparsam schleifen, muß man es recht oft tun, d. h. immer gleich dann, wenn die Schneidkante rund und blank geworden ist und vor allem dann, wenn die Rückenfläche angegriffen zu werden beginnt. Würde man in solchem Fall weiterarbeiten, könnte es leicht geschehen, daß die Rückenfläche auf größerer Länge beschädigt würde. Dann müßte das ganze Stück von oben her abgeschliffen werden, so daß der Stahl bald aufgebraucht wäre. (In Fig. 545 ist ganze Höhe h abzuschleifen.)

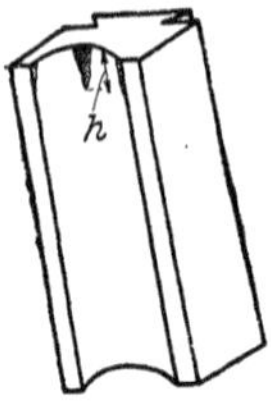

Fig. 545. Am Rücken abgenutzter Formstahl.

Die zweite der oben aufgestellten Forderungen, den Schneidkopf möglichst gut auszunutzen, erfordert, daß die Schneide vorwiegend an den Flächen geschliffen wird, durch die der Schneidkopf kürzer, aber nicht dünner wird; denn durch Verkürzen des Schneidkopfes wird seine Widerstandsfähigkeit nicht verkleinert, unter Umständen sogar vergrößert, so daß er bis zum äußersten ausgenutzt werden kann. In sehr vielen Fällen erhält man diese Verkürzung durch Abschleifen der Rückenfläche, während das Abschleifen der Brustfläche eine Schwächung des Querschnittes und damit der Widerstandskraft zur Folge hat. Ferner hätte das Schleifen nur der Rückenfläche den Vorteil, daß die Brustfläche mit ihrer für die Spanbildung so wichtigen Neigung ungeändert bliebe. Möglich ist es natürlich nur dann, wenn die erste Forderung, möglichst wenig Material abzuschleifen, nicht zu sehr entgegensteht (siehe oben).

Erwähnt sei noch, daß es empfehlenswert ist, ab und zu die Schneide mit einem Ölstein von Hand abzuziehen, um kleine Rauhigkeiten und angesetzten Grat zu entfernen. Das ist in erster Linie günstig für Form- und Schlichtstähle, hat sich aber auch bei Schruppstählen bewährt und spart öfteres Nachschleifen. Das Abziehen geschieht auch nach dem Schleifen an der Schmirgelscheibe, um den Schleifgrat zu beseitigen und die Flächen zu glätten.

Das gründliche Instandsetzen der Schneiden sollte stets von der Werkzeugabteilung geschehen, niemals von dem einzelnen Dreher oder Hobler. Hingegen ist es nicht durchzuführen, diesen auch das Nachschärfen nach geringer Abnutzung zu untersagen. Daher stehen in den meisten Werkstätten auch der gut geleiteten Betriebe an verschiedenen Stellen einfache kleinere Schleifmaschinen (zweckmäßig Sandsteine) zur Benutzung für den einzelnen Arbeiter. Wohl aber kann man bei bei Massenfabrikation mit ungelernten Kräften jeden stumpfen Stahl an das Lager zurückgeben und durch einen scharfen ersetzen lassen.

Druck der Spamerschen Buchdruckerei in Leipzig

GPSR Compliance

The European Union's (EU) General Product Safety Regulation (GPSR) is a set of rules that requires consumer products to be safe and our obligations to ensure this.

If you have any concerns about our products, you can contact us on ProductSafety@springernature.com

In case Publisher is established outside the EU, the EU authorized representative is:

Springer Nature Customer Service Center GmbH
Europaplatz 3
69115 Heidelberg, Germany

Batch number: 10682323

Printed by Printforce, the Netherlands